JN073734

アスベスト被害再発と危機回避

焦点は建物解体！

発刊に当たって

　本書は、解体工事と建設リサイクルの専門誌・隔月刊「E-Contecture（イー・コンテクチャー」（日報ビジネス刊）に2014年から2022年までの8年間に連載した、アスベスト問題についての私のコラムをまとめたものです。

　連載開始当時、アスベストに対する人々の認識は、「既に解決済み」「過去のもの」であるというものが広く一般的となっていました。しかし、私は、アスベストが問題になるのはこれからが本番であり、その対処法を間違えると大変な社会問題になると認識していました。そこで、「E-Contecture」への2カ月に一度の連載を通して、アスベストの問題点、解決策、そのための課題を広く知っていただけるよう、解説してまいりました。掲載開始からの8年の間に、アスベスト問題とそれを取り巻く環境、そしてなすべき対応策は大きく変化しました。本書を通して、アスベスト問題の経緯と課題を俯瞰できるのではないかと考えます。

　本書は次のような方々にとって、有効な「参考書」となれば幸いです。

1. アスベスト行政に関わる行政執行者の皆様

　行政に携わる方々は2〜3年で異動することが多く、アスベストに関連する法律を深く理解し、対応していくことが難しい状況にあるようです。突如アスベスト行政に携わることになった方でも、本書によって、アスベスト問題の概略が比較的スムーズにご理解いただけるのではないかと思います。

2. アスベストに関わる民間事業者の皆様

　一口に民間業者と言っても、事前調査業者・分析業者・解体工事業者・産業廃棄物処理業者・コンサルタント等、各々の立場があります。本書の内容は、各分野の過去から現在の課題や、改正されたアスベスト関連法の解釈と対策等について、体系的にご把握いただけるものとなっています。

3. 報道関係の皆様

　アスベスト問題が一般に誤解されてしまっている現状を打破するには、報道の力が必要です。報道しないことは、必要な情報を提示しないのと同じだ、と私は考えます。アスベストの不顕性について広く国民に理解していただき、適切な対応策を取って健康被害を防止していくために、本書は報道関係の皆様への有用な資料になればと思っています。

　私がこれまで取り組んできた環境事業の総まとめとして、本書を上梓いたしました。本書がアスベスト問題の全般的な課題解決のための一助となれば幸いに存じます。

大石一成

目　次 　焦点は建物解体！ アスベスト被害と危機回避

発刊に当たって

第1章　新たなアスベスト被害への警告と混乱の歴史

第2章 アスベスト対策の課題と法令整備

目　次　焦点は建物解体！アスベスト被害と危機回避

第3章　残された課題と今後気にかけねばならない事項

※**注意点**
　文中の表記は、すべて雑誌の当該号発行時の情報に基づきます。

第1章

新たなアスベスト被害への警告と混乱の歴史

焦点は建物解体！
アスベスト被害再発と危機回避　大石 一成

[第1回]

「警告！」再び忍び寄るアスベスト被害

世間ではアスベスト被害は過去の出来事、今は安全と思っているようですが、果たして本当にそうなのでしょうか？

過去のアスベスト被害のほとんどは、アスベスト製品の製造工場と、飛散した周辺地域で発生しています。現在ではアスベスト製品の製造、販売並びに輸入は禁止されているのでアスベスト被害は収束したかに思われています。

確かに製造、販売、輸入に起因する新たな被害は予防されるのでしょうが、ここにも意外な落とし穴があります。それはいまだに一部の輸入製品、部品の中にアスベストが使われていることです。この事は今後、詳しく記述することといたします。

現在問題となるのは、アスベスト被害がこれから確実に拡大するということに国民の関心が無い、あるいは薄れてしまっている事です。いまアスベスト分析・調査に携わる者として注意喚起しなければ「再び悲惨な状況が繰り返される」との思いがあり、当連載を執筆することにしました。

アスベスト含む建物の大量解体時代、非住宅だけで280万棟

今後、アスベスト災害が再発することは関係者の間では周知の事実です。それは過去に製造され、建物等にストックされたアスベスト製品が耐用年数を迎えて大量に解体、廃棄されることに起因するものです。

その廃棄総数量は1000万tとも言われています。膨大なアスベスト製品廃棄物を受け入れる廃棄物処分場もありません。アスベストを含む建築物の解体、改築では今後280万棟が対象となります。この統計には一般家庭は含まれていないので、実数は更に多くなります。

当然のことながら解体、廃棄に従事する作業員、周辺住民の健康リスクは否応なく高まり、中皮腫や肺がんの発症も多発することが予見されています（表1参照）。恐ろしいことですが、今後「アスベスト災害で死亡する人の数は30万人」との予測もでているのです。人の生命を脅かす大問題ですが、国民やマスコミの関心が低いとは何たることか、実に嘆かわしい思いです。国民の多くがアスベスト災害は、どこか遠くの一部のところで発生していて自分には関係ないと思っているのではないでしょうか？

住宅から自動車まで、身近な健康リスク

1000万tのアスベスト製品は、今も広く皆さんの身近にあり健康リスクとなり続けていることを考えてみてください。事実を知っていただくために身近にあるアスベスト製品を挙げてみましょう。一般家庭でも使われているものとして、耐熱ボード、天井材、フロア材、屋根材、モルタル、電気製品、自転車・自動車のブレーキパッド、汗疹よけ

のパウダーなど、また学校、公共建築物、事務所、工場でも多くのアスベスト製品が使われています。学生の頃の記憶として、理科の授業でバーナーとフラスコの間にある金網に白いセメントのようなものが塗ってあったのを覚えているでしょうか。それがアスベストなのです。

　なぜアスベストはこんなにも広く私たちの身の回りに存在するのでしょう。それは耐熱性や加工のし易さにおいて、アスベストに勝るものが無かったからです。これらの製品は解体されなければアスベストが飛散するリスクは少ないのですが、改築や解体などに伴い外部に飛散します。

表1●アスベスト輸入量と中皮腫発生の動向

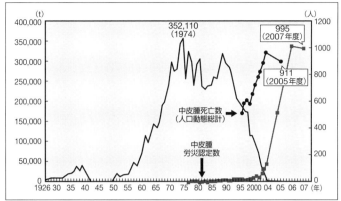

表2●中皮腫の死亡者数と労災認定件数

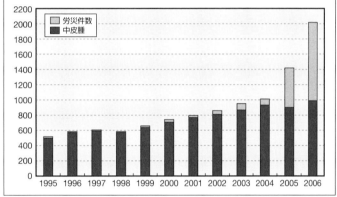

引用:独立行政法人労働者健康福祉機構より

阪神大震災のボランティアが中皮種発症

　また今回の東日本大震災のような災害でも、災害がれきの中に混在しています。現実に起きていることですが阪神淡路の震災の時、ボランティアで2週間がれきの片付けを手伝った方が中皮腫で労災認定されました、この方は、ほかにアスベストリスクはありません。衝撃的なことは中皮腫の発症は30年前後と言われていたのに震災から17年経過した今日ですでに発症してしまったことです、学説は不幸なことに覆ってしまいました（表2）。驚いた国は他にも同様な事例があることを確認し対策を講じました。それは大気汚染防止法の改正です、昨年6月21日に公布され、今年6月1日より施行されています。大気汚染防止法改正に至る経緯、裏話は後の章で取り上げます。

　アスベストに起因する疾病で特に悲惨なことは、発症すると治癒はしないこと、中皮腫、肺がんに至っては呼吸不全でもがき苦しみ死に至ることです。

　アスベスト災害は、言わずと知れた人災です。過去のことは覆水盆に返らずですが、今後の建築物解体などによるアスベスト製品の処理に国民、マスコミの監視が広がれば被害の減少に寄与する事でしょう。

　本誌上では、これから毎号、警鐘を鳴らしていきます。

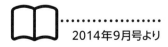

2014年9月号より

焦点は建物解体！
アスベスト被害再発と危機回避　大石 一成

[第2回]

アスベスト被害が拡大する

　前号ではアスベスト被害の現状について記述致しましたが、今回はアスベスト被害の拡大について解説します。アスベスト被害の特徴は、病気に気が付くのが20年から40年先であり、忘れた頃に発症することです。このことが体内に潜む静かな爆弾と云われる所以です。発症するのが遅い為に適切な治療の機会を逸することが多く、中皮腫、肺がん発症後は重篤な呼吸不全に至ります。本題に戻りますが、なぜ「アスベスト被害が拡大する」のか？ もうアスベスト問題は収束したはずと国民の多くが思っています。

被害拡大の要因

　被害が拡大する理由は次の2点にあります。

　1点目は、「アスベスト原料を製品に加工製造するとき」に由来する発症が今後も見込まれるからです。図表に示したアスベストの原料輸入のピークは1974年です。原料を盛んに製品に加工した時期もこの頃となります。工場の作業員、周辺の住民がアスベストを吸い込んでしまったのも同時期と言えます。このことに起因する中皮腫、肺癌の発症は1991年頃から一次ピーク期に入ります。図表によれば今まさに第一次発症期に入っていることが一目瞭然です。

　2点目は、アスベスト製品として使用されている部材が、「建築物の寿命とともに解体廃棄されるとき」アスベストが環境中に放出されてくることです。過去の建築基準法では耐火性を必要とする場合、アスベストの使用を必須条件としてきました（使用しない場合には建築確認申請の許可が下りず建物を建てる事ができなかった）。

　それは、前号で述べましたとおり、アスベストに勝る物が無かったこと、アスベストの危険性が広く認知されていなかったことに由来します。アスベストが製造も販売も禁止される2004年10月まで1000万トンのアスベストが使われ続けていたのです。言い換えれば2004年までに建てられた、ほぼすべての建築物に多くのアスベスト部材が使用されていることを皆さんはご存知ですか？ これらの建築物は「全国で約280万棟」も有ります。この解体・改築がすでに始まっているのです。

　280万棟の中には一般家庭は含まれていませんから実数はもっと膨大なものとなります。環境省では老朽化した建物の解体ピークを2020年から2040年頃としています。このことから中皮腫、肺癌の第二次発症は2040年頃から始まり2080年頃まで続くものと思われます。なお解体のピークを何年とするかで発症のピークは変動します、また潜伏期間を20年とするか40年とするかでも発症のピークは変わる事を認識してください。

　上記のようにアスベスト被害の拡大要因・その1は、過去の出来事に起因して現在発

●アスベスト量と悪性中皮腫

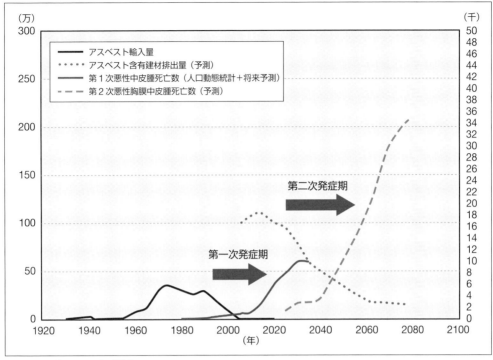

出典：アスベスト輸入量　(社)日本石綿協会
第1次悪性中皮腫死亡数（人口動態統計＋わが国における悪性胸膜中皮腫死亡数の将来予測(村山ら)）
アスベスト含有建材排出量（予測）（建物解体に伴うアスベスト廃棄物の発生量予測(小見康夫)）
第2次悪性胸膜中皮腫死亡数予測は筆者推計による

症中のものです。その2は、解体・廃棄に伴い今後発症するものとなります。

　痛ましいことですが「発症の爆発」は時間の問題となっており有効な治療法の確立が待たれるところです。前にも述べましたが人により、あるいは生活環境により、発症時期は前後します。阪神淡路震災の事例では17年で発症していますが、今までは30年から40年経過してから発症すると言われていました。一次および二次ピークの発症で、中皮腫、アスベスト肺がんに至る死亡者数は述べ30万人と予測されています。近年世界中の紛争においてもこれ程多くの死者が出ることはありません。いかに危機的状況であるか分かって頂けましたでしょうか。

予防措置

　このような状況の中、発症者数をいかに抑制するかが喫緊の課題となっています。有効的な施策は、今後に解体・廃棄される建築物でアスベスト暴露をいかに抑えるかに集約されます。その意味でも建設解体に携わる業界の方々には責任と責務があります。解体作業に従事する作業員の方々は自ら中皮腫、肺癌にならないように十分な防護措置をとることが求められています。

　国(環境省)は、その施策として大気汚染防止法を改正し2014年6月より施行されました。法改正に至る経緯と裏話、改正法に盛り込むことが出来なかった残された課題は次号以下に述べたいと思います。

2014年11月号より

焦点は建物解体！
アスベスト被害再発と危機回避　大石 一成

[第3回]

「緊急報告」大気汚染防止法改正後の現状

教育現場でアスベスト調査

　今号では法改正に至る経緯と裏話、改正法に盛り込むことが出来なかった課題を述べる事としていましたが、大きな課題が露呈しましたので、今号ではその問題を取り上げたいと思います。

　文部科学省は法改正に伴い、各都道府県教育委員会等を通じて学校教育施設における石綿含有保温材等の使用状況調査（特定調査、レベル2）を行い2014年10月3日までに報告を求めました。

　調査方法は、設計図書による確認、目視による確認です。この意図するところは、非常に危険性の高い吹き付けアスベスト（レベル1）については毎年の調査の結果、除去工事がほぼ終わり（実際はひる石の調査が漏れている）ましたが、建材中・機材中についてもアスベスト調査（レベル2）が必要となった所以です。

　ここで非常に問題なのは、この調査が教育施設現場では、何も知識のない人が判断し報告している事です。このまま放置した場合、アスベスト含有調査（本調査）はスルーされ建材中のアスベストは見過ごされる事となります。これではずさんな処理解体につながることが明白です。

　建材中などのアスベストは解体・改築するときに環境大気に放出拡散される、言い換えれば学童、教職員が解体時にアスベストにさらされる危険性があることです。

規制当局の教育は喫緊の課題

　では、どのような調査がなされ、報告されたのでしょうか。
　学校教育現場では、

(1)レベル1建材である吹き付けアスベストの除去で全て終わったと誤解している
(2)建材・機材中にもアスベストが含まれている事を知らない
(3)建材・機材中のアスベストは規制の対象外で調査しなくてもよいと思っている
(4)専門家がいないので分からない
(5)分からないので報告書にはアスベストは無いと回答している

などが実態です。

　先日（10月3日）の調査において、まともな調査をせずにアスベスト含有建材はないと報告すれば、今後の本調査における予算措置は講じられません。結果としてアスベスト含有の判断がなされないまま処理が進んでしまいます。

　これでは法律改正で事前調査を強化した意義が全く無視され、解体時にアスベスト暴露、後の発症につながってしまいます。

　また、もっと深刻なことは規制当局の環境担当が上記(3)の「建材・機材中のアスベストは規制の対象外で測定しなくてもよい」と理解し指導している市町村まであることです。この解釈では、広く全国で使用され

ているレベル2およびレベル3のアスベストはスルーされてしまいます。地方自治体規制当局の教育は喫緊の課題となっています。

事前調査から解体処理まで

アスベスト含有建材とは、アスベスト分析した結果0.1％以上の含有建材を言います。レベル1とは、建築物の鉄骨に吹き付けられた埃状のもの（吹付け材）および階段裏などに吹き付けられたバーミキュライト（ひる石）を、レベル2とは、配管保温材、耐火被覆材および煙突を、レベル3とは、その他の成形板を言います。

危険度はレベル1が一番高いのですが、レベル3も危険な事には変わりありません。

事前調査の重要性は、過去にアスベスト処理費用を掛けたくない者が事前調査を捏造あるいは無視して、「アスベストは無いものとして解体処理させていた」教訓から改正法で強化された経緯があります。

事前調査から解体処理までの工程を以下に示します。

特定調査によってアスベスト含有建材の疑い有りの場合
・本調査（アスベスト分析）0.1％以上含有
　　　　　　　↓
・解体前に労働基準監督署に届出
　　　　　　　↓
・石綿障害予防規則、労働安全衛生法施行令、作業環境測定法（粉じん）に則り、解体作業時には大気汚染防止法に基づく空気中のアスベスト粉じん濃度測定を行い、漏洩が無いかを確認

アスベスト含有建材無しの場合
・本調査（アスベスト分析）0.1％未満
　　　　　　　↓
・普通の解体処理が可能

となります。

アスベストが0.1％以上含まれているか否

アスベスト
サンプル採取

かは分析を行わないと分かりません。

予算を措置し適切なアスベスト調査を

文部科学省の今回調査の意図は、事前調査のあと、予算措置を講じ、本調査によるアスベスト分析を行いアスベスト含有確認された施設の除去工事を視野に入れているものと思います（文科省はアスベスト分析後レベル2施設の除去工事をするように指導している）。

教育施設現場並びに環境規制当局の混乱（誤認）は、解体される時にアスベスト分析すれば良いので、いま分析する必要が無いと判断したのではないか？（文部科学省のアスベスト含有調査を解体時のアスベスト調査と混同した）と考えられます。

本調査（アスベスト分析）を行う為には、事前調査により現場確認を反映した予算措置が必要です。予算措置が取られていなかった過去の事例では、予算不足で適正なアスベスト分析調査依頼が出来ず責任問題にまでなった事もありました。

補足ですがアスベスト調査が可能なところは、国際規格であるISO/IEC17025認定試験所、ついで建築物石綿含有建材調査者（国交省）、アスベスト診断士、建築士が在籍する調査会社等です。

焦点は建物解体！
アスベスト被害再発と危機回避　大石 一成

［第4回］

関係者のリスク対策

　今号の本文に入る前に、前号で指摘した教育現場の課題について、文科省から新たな文書（平成26年12月16日・学校施設等における石綿含有保温材等の使用状況調査「特定調査」の調査票の再確認について）「依頼」が出ておりますので一読ください。

　今回の「依頼」を要約すると、各教育機関等から報告のあった"煙突"について、レベル2である煙突断熱材についての報告以外にも、レベル3である石綿セメント管の報告もあったため、石綿セメント管については削除して再度報告をしてほしいということです。

　補足ですが、レベル1の処置めどが付けばレベル2、次にレベル3と次々対処していかなければならないのがアスベスト問題と言えます。レベル1に限らずレベル2・3の処理では文科省に限らず、一般建築物並びに公共建築物を所管する国交省も速やかな対策を講じるものと思われます。

代表的な5つのリスク

　アスベスト作業者には罹患（病気）のリスクと経済的リスクが伴います。一家の大黒柱が罹患すれば本人の生命の危機とともに仕事の継続は困難を極めます。また失職する事にでもなれば収入は途絶え、そのうえ治療費が追い打ちをかける事となり一家の生計は成り立たなくなる恐れがあります。このような状況下では労働災害認定訴訟や治療に十分な時間とお金をかける事は不可能です。

　アスベスト疾病は明らかに人災です。今までアスベストの危険性を知らずに起きてしまったことと、危険性を知った今からのことは次元が違います。それぞれの責任と義務は格段に重くなり、裁判でも判決に反映されるものと思います。ここで私が広く皆様に訴えたいことは、「解体に伴うリスクは、対処方法により軽減できる」ことに他なりません。広く知見を共有して未然に防ぐことの重要性は関係者全員にメリットのある事です。

　アスベスト問題の要は、「市民の監視力を高め、ずさんな解体処理が出来ないようにすること」です。その為にはマスコミの協力が欠かせません。アスベスト解体リスクを地道に永続的に取り上げ、教育と合意形成を図り、不幸な災害を軽減させることです。マスコミの国民意識に与える影響力は大きく、そして責務もそれ以上に大きい事に留意していただきたく思います。

　解体に伴う被害の特徴は、性質上、影響が広く薄く全国津々浦々まで、一般家庭まで広がることです。

　たとえばアスベスト含有建築物を解体する場合のリスクとして、

①所有者のリスク
②解体を請け負った事業者のリスク
③解体作業員のリスク
④周辺住民のリスク
⑤分析証明機関のリスク

などが挙げられます。

　それぞれの立場の人たちがリスクを自覚して対処すれば、おのずと被害を少なくすることが出来ます。

分析制度を担保できる事業者選定を

①建築物所有者のリスクとは、所有する事務所、工場、公共施設、学校、病院、あるいは一般家庭などの不動産（建物）にアスベストが含まれていた時の減損価値、あるいは除去費用のことです、簡単に言いますと通常の価値より不動産価値が下がってしまうと言う事です。会社では資産除去債務問題となります。資産除去債務とは、アスベストの存在あるいは、その可能性を隠していると、発覚した時に資産が減損処理され、純利益の減額となります。結果として株式価値の下落により株主に損害を与え株主訴訟の対象となります。

　また分析会社の誤判定による場合も一義的には所有者が被告となりますので、この意味でも分析会社の選択は所有者のリスクと言えます。価格だけで分析会社を選べばリスクを伴うことに留意が必要です。

②解体事業者のリスクとは、請け負った解体工事に、あとからアスベストが含まれていることが分かった場合、アスベスト除去費用を巡り所有者とのトラブルに巻き込まれます。また従業員の健康被害、長期的には従業員の中皮腫、肺がん発症による損害賠償などです。

③解体作業員のリスクとは、紛れもなく中皮腫、肺癌の発症と言えます。事業主並びに作業員がアスベストの危険性、特徴、防護方法に関する専門教育を受け知識を身に着けていないと発症確率は格段に高くなります。

④周辺住民のリスクとは、言わずと知れた暴露被害です、解体により近傍の解体現場から飛散したアスベストを吸い込んでしまう

防塵マスクなしでアスベスト紡績作業を行っている。作業員さんの前方全てがアスベスト繊維（クリソタイル）
（泉南アスベスト 画像より）

事による健康被害です。

⑤分析機関のリスクとは、間違った分析結果により損失を被った依頼者から損害賠償請求される事です。多方面に影響が広がります。

　全体的に責任を問われる訴訟となった場合は、過去に遡り反論資料を整えられないことが多く、事の性格上被告が全面敗訴となる可能性が非常に高くなります。分析会社の責務として、特にアスベストは生命、財産に直結しますので分析精度を蔑ろにして価格競争に走ることは厳に慎まなければなりません。分析者並びに依頼者ともに、それぞれの業界全体が精度を担保できない事業者の排除を図る必要性が求められています。

　去る2014年10月9日にアスベスト被害に対する国家賠償を争った泉南アスベスト最高裁判決が出され、原告が勝訴となりました。

　これは2005年のクボタショック以上に衝撃的でありました。詳しくは雑誌「環境と公害」より、泉南アスベスト最高裁判決の意義と課題（磯野弥生さん）に記載されております。

焦点は建物解体！
アスベスト被害再発と危機回避　大石 一成

[第5回]

輸入部品の実態

アスベスト規制の盲点

　今号では、アスベスト規制の意外な盲点について述べたいと思います。

　皆さんは、アスベスト、あるいはアスベストを使用した部品の輸入が禁止されていることを知っていますか？ こんなことを質問すれば馬鹿にするなと怒られるかもしれません。日本でアスベストを含む製造等禁止物質は、輸出も、輸入も、製造そして取引も禁止されています。その様なことから、国民の多くは外国から輸入されている製品、部品にアスベストは含まれていないと信じています。もちろん規制当局もアスベストを含んだ製品、部品が未だに輸入されているなど努々思わなかった訳ですが、日本が禁止している物質が外国でも禁止しているとは限りません。

　数年前、中国から輸入した部品からアスベストが検出され関係者の間で大きな話題となりました。当然のことながら、輸入したメーカーはアスベストが含有されていない

ものとして輸入しました。しかし日本にとってはありえない事ですが事件は発生してしまいました。（図1）

　原因究明の結果、かの国ではアスベストを規制する法律は、あっても無いに等しく、守られてもいません。そもそも拝金主義に走るあまり国家全体の順法精神は希薄となっていることは周知の事実です。このことが事件の背景にあることを我々は認識して取引する必要があります。また、ほかの新興国でも同様なことは起こり得る事として対応しなければなりません。

　輸出入企業間の取引では、材料試験（アスベスト分析）などの試験報告を受け取ったとしても無条件で信用できません。アスベスト分析をしていないのにアスベストの含有はないと主張することもあるからです。

　前記の事件では、アスベストが入っていないと説明していたにもかかわらず、アスベスト分析を行っていないことが判明しました。分析したくとも分析できるところがないのが現状です。

　この時、日本の輸入メーカーでは対策として試作品の日本国内検査（アスベスト分析）を試みました。しかし日本国の法律ではアスベスト含有製品の輸入は禁止されているので試作品の輸入はできませんでした。このことにより国内での試験検査は出来なくなり、現地（輸入先）での試験検査をすることを模索しましたが先に述べた様に、需要が無いのでアスベスト分析する試験所もあ

図1●石綿の製造等が完全に禁止されていない国等からの輸入品に石綿が混入していた例

・セラミック付き金網（2012年12月）
　中国から輸入したセラミック付き金網のセラミック部分。
・二輪車用ブレーキシュー等（2013年12月）
　台湾から輸入した2輪車用の部品。
・二輪車用ガスケット等（2010年2月）
　中国及び台湾から輸入した2輪車用の部品。
・農業機械用パッキン（2010年5月）
　中国から輸入したパッキンを組み込んだ農業機械

10

りませんでした。

　取引において、我が国の製造業が特に注意するべきことは、言葉や文書の確認作業だけでは不十分なことです。国内において更なる確認のための試験、分析が必要となっていますが、此処にも隠れた問題が有ります。日本の法律では含有試験の為のサンプル輸入も禁止されるのか？法律的議論の余地があります。

　輸出先のことを考慮すれば自社分析は海外市場で受け入れられません、社外の第三者機関に委託試験することが公平中立の立場から求められます。更に国際取引における試験はISO/IEC17025認定試験所の試験結果しか認められていません。

　TPPなど自由貿易協定が締約されることを考慮すれば認定試験所制度の活用が喫緊の課題です。この分野は日本が最も遅れています。認定試験所制度はWTO/TBTに規定され、各国政府はこの試験結果を受け入れることとなっています。

　企業のグローバル化により諸外国から部品を調達する場合には、大きなリスクが伴うと言うことを肝に銘じるときが来ています。

アスベストは氷山の一角

　アスベストは一例であり氷山の一角です。製造等禁止物質8項目（図2）も大きな矛盾を孕んでいます。これ等のうち数項目は日本国内でも分析方法も確立されていません。分析のための標準物質もありません。規制法が存在するのに分析ができない状態なのです。この状態でどの様にして規制できるのでしょうか？

　製造等禁止物質は、労働者に重度の健康障害を生ずる物として、労働安全衛生法第55条にもとづき同法施行令第16条第1項で定められた物質です。

　尿路系器官、血液、肺にがん等の腫瘍を発生させることが明らかな物質で、製造等（輸入・譲渡・提供・使用を含む）が禁止されています。「製造等禁止」は、労働安全衛

図2●製造等禁止物質8項目

```
1. 黄りんマッチ
2. ベンジジン及びその塩
3. 4-アミノジフェニル及びその塩
4. 石綿
5. 4-ニトロジフェニル及びその塩
6. ビス(クロロメチル)エーテル
7. ベーターナフチルアミン及びその塩
8. ベンゼンを含有するゴムのりで、その含有するベン
　ゼンの容量が当該ゴムのりの溶剤(希釈剤を含む)の
　5％を超えるもの
```

生法が定める化学物質規制の中で最も厳しい規制です。

　そのため、これらを調査・分析することは想定されておらず、検査を実施する際には標準品の調達が第一関門となります。国内では、2、3、5、7の化学物資に関しては、分析に使用する標準物質が流通されていません。

　石綿に関しては、日本作業環境測定協会が提供する標準品を使用して国内では分析が実施されていますが、他の製造等禁止物質に関しては、調査を実施すること自体が困難です。

　この中で、2、3、5、7は染料の中間体として使用されてきた化学物質であり、膀胱がん　急性膀胱炎症状を引き起こします。これらは、染料の中でも広く使用されるアゾ染料の中間体であり、欧州、中国等で規制が実施されており、日本でも業界団体が自主規制してきました。法規制として「特定芳香族アミンを生ずるアゾ化合物の対象家庭用品及び基準の設定」として規制が行われることが予定されています（2016年4月）。

　石綿は、耐久性、耐熱性、耐薬品性、電気絶縁性などの特性に非常に優れ、安価であるため、経済発展を優先し、規制されていない国々も多数存在するため、これらの国々との貿易の際には問題が散見されています。

焦点は建物解体！
アスベスト被害再発と危機回避　大石 一成

［第6回］

大気汚染防止法改正の裏話

　今号では2013年6月21日に施行された改正大気汚染防止法はどの様な背景で制度設計されたのかを私の知る範囲で述べたいと思います。大気汚染防止法の改正議論が始まったのは2011年3月11日の東日本大震災が起きてから間もない頃でした。国（環境省、厚生労働省）ではそれ以前から深刻な課題が浮上していました。それは他でもないアスベスト疾患の問題です。アスベストによる被害の発生は連載第1回でも述べましたが、アスベスト吸引後30年から40年の年月を経て発症すると言われていました。しかし阪神淡路大震災から17年を経た年に震災ボランティアでアスベストを吸引した人が発症してしまい、労災認定されたのです。この事例以外にも複数の発症が確認されたため、東日本大震災でも放置すれば解体処理に伴うアスベスト被害が拡大する恐れが考えられました。国はこのことに危機感を強め対策に乗り出しました。

　幸いにも当時着任した環境省大気環境課長の山本さんは厚労省出身の病理学専門家で厚労省とも共同で法改正に対処できる方でした。着任後すぐにアスベストを主題に大気汚染防止法を改正すべく準備作業に入りました。以前から意見具申していました私の所属する日本認定試験所協議会にも協力要請があり、資料集めから問題点の抽出、法改正の課題などを整理し、下記のような提言を提出させていただきました。以下の記述はその要約です。

　作業は主に諸外国の(1)規制基準、(2)検査・分析体制、(3)処理体制、(4)法体制など多岐にわたりました。

問題点の抽出

(1)規制基準

　日本と諸外国では、規制基準の考え方、国内での検査体制を整えるうえの考え方が違うことに問題がありました。含有分析では、諸外国では意図的に製品に加えた石綿を規制対象としているのに対し、日本では天然に存在する石綿も規制対象としています。また、検査体制を整える際に既存の検査会社が保有している設備で分析できる方法を選択しました。日本と主な諸外国の規制値を同時に満たせる分析方法がないことが日本独自の分析方法を選択させてしまったともいえます。また規制する場所も課題が有ることが分かりました。日本での場所による規制は厚労省が室内環境（作業環境）、環境省が室外環境（大気環境）となります。また日本には環境基準が無いことも大きな課題として浮上してきました。

(2)検査分析体制

　アスベスト判断・判定の基となるもので、いかに正確にサンプリング・分析できるかに掛かっています。試験所として精度管理が担保され第三者が保証していることが重要なポイントです。しかし日本の法律では

試験所の資格要件がなく誰がサンプリング・分析しても良い事となっています。国民の命に係わるアスベスト分析がこのようなずさんな現状であることは早急に改善されなければならない課題です。主な諸外国では権威ある第三者、あるいは国の厳格な審査を受けた試験所の試験結果以外は認められません。日本でも同様にアスベスト分析に関わる試験所の資格要件を制定し登録制度にすることが喫緊の課題と言えます。日本認定試験所協議会では試験所の登録要件を国際規格であるISO/IEC17025認定試験所とするように提言致しました。

⑶アスベスト処理体制

アメリカでは事前に当局に審査登録された処理会社以外はアスベストを処理することができません。登録審査は毎回サーベイランスがあり違法行為のあった会社は登録されません。日本認定試験所協議会では改正法にこの様な制度を取り入れることができるか検討するように要望しました。

⑷法体系

アメリカの法体系は、一言でいうと非常に厳しいものです。事前調査、サンプリング・分析診断、アスベスト処理に至るまで違法行為には会社が存続できなくなるような高額の課徴金が課せられます。またそれに輪をかけて民事訴訟で損をしてしまいます。

法改正の課題

⑸規制基準

日本の規制基準を世界基準に合わせられるか。これは分析方法の統一問題にも関係します。日本の測定法は世界的に受け入れられていません。国際規格を導入する時期に来ており、環境基準の制定は必要です。

⑹検査・分析体制

今までの検査・分析体制は精度担保が不十分で手抜き捏造など不祥事が発生し易い体質です。不祥事はすでに水面下で発生しています。ISO/IEC17025認定試験所を登録機関とする必要性が有ります。

⑺アスベスト処理体制

アメリカのように厳格な登録制度は必要です。また課徴金制度導入は今の日本では現実性が有りません。登録制度は被害拡大の予防に資するものです。

⑻法体系

アメリカのような法体系、いわゆる不正を働くことが極めて困難な制度設計ができることが望ましいと思います。

中央環境審議会の結論（答申案）
私どもの要望に対応する結論

⑼規制基準

環境基準の設定は今のところ必要はない。

⑽検査・分析体制

登録制度、認定試験所制度の導入は時期尚早、今後の課題。

⑾アスベスト処理体制

処理会社の登録制度は議論されなかった。

⑿法体系

アメリカを参考に制度設計することは議論されなかった。しかし事前調査の重要性は認められるので改正法に盛り込まれた。

上記⑴〜⑷は日本認定試験所協議会が改正法に盛り込むことを求め、採択されなかった主な積み残し課題です。

2015年7月号より

焦点は建物解体！
アスベスト被害再発と危機回避　大石 一成

［第7回］
アスベスト分析結果は信用するな

　アスベスト分析を生業としている者として、このような不謹慎極まりない事を書かなければならない現実に心を痛め、皆様に申し訳なく思っております。

　試験所を経営するものにとって、不祥事を暴露することは両刃の剣ですが、あえて告発することにより、劣悪な試験所の一掃がなされる事を切に望みます。

⑴試験結果の捏造

　発注者の皆様に知って頂きたい不都合な事実は、試験所の一部ではありますが試験そのものを省き捏造している、平たく言えば「鉛筆をなめている」ことです。これらの試験所の多くは異常に安い、試験結果の報告が異常に早い、試験結果の説明がされない、試験のバックデータの開示を拒む、などの特徴があります。

　注意していただきたいのは、これ等の悪徳試験所がのさばり始めた原因の一つに、発注者側の問題も散見されます。

a) 明らかに捏造しなければできない納期要求する
b) アスベストが含有されてない事の証明を強要する
c) 手抜きしなければやれない金額でやらせる

　上記の違法行為を強要することは、悪徳試験所の増長を助けます。大気汚染防止法

環境総合研究機構株式会社でのアスベスト検査①

改正作業の中で「正直な試験所が損をする」現状を是正することが最も優先されなければならない事項であると、当時の大気環境課長、山本光昭さんは強調していました。

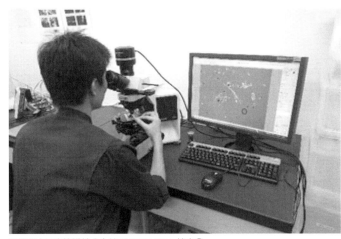
環境総合研究機構株式会社でのアスベスト検査②

(2)判定結果の間違い

また、手抜き、捏造まで悪質でなくても影響が甚大なのは、試験所並びに試験測定技術者の未熟による測定結果の間違いです。これは一見すると発注者に責任は無いように見え、純粋に試験所の問題かと思われますがそうではありません。

発注者は後に責任を追及されない様に細心の注意を払い評価の高い試験所を選ぶ責務があります。自己防衛のためにもトラブルの可能性はなるべく少なくする努力が必要です。しかしながら発注者は、経験の少ない中、どこが「良い試験所か」などは分かりません。これは行政の課題でもあります。

(3)誰でも試験成績書が発行できる現状

信じがたいことですが、アスベストの分析試験は、「何の知識、技能、分析設備が無くても」誰でも試験成績書を発行することができるのが現状です。このことも「手抜き、捏造、悪徳試験所が闊歩する一因」と言えます。

先の、大気汚染防止法改正案では、このことに留意して測定機関の登録制を盛り込んだ訳ですが、中央環境審議会において必要が無いとされてしまいました。排除されたことで、後に大きな禍根となる事を憂慮しています。次の法改正時には何としても入れるべき事項です。登録制度が機能すれば、発注者は迷うことなく測定機関を選別できます。

また試験成績書の有効性は国際会計標準にも影響します、資産除去債務問題は上場企業において喫緊の課題と成っています。アスベストが含まれた建物は除去費用を含め負債として計上することが国際会計標準で必須となります。その時、信頼性の低いアスベスト分析結果を信用して決算報告され、後に分析結果が覆りアスベスト処理費用が発生すれば株価の価値は下がります。

この時の株主は騙されたとして訴訟を起こすことが可能となります。アスベスト分析機関の選択とは言え、特に上場企業では神経を使わなければならない課題と成ります。

登録制度が法制化されていない現状では、どの様に分析機関を選ぶか、最もリスクの少ない選択肢をお教えします。国際的な試験所（ISO/IEC17025認定試験所登録）を選びましょう。この試験結果は国際的にも通用するものです。次に国土交通省の試験（建築物石綿含有建材調査者）に合格した者が所属する試験所、両者を備えている試験所であればまず問題はないと思います。

安全・安心・公平・公正な社会基盤は、健全な試験所が発展する社会です。

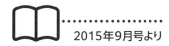
2015年9月号より

15

焦点は建物解体！
アスベスト被害再発と危機回避　大石 一成

［第8回］

アスベスト分析、
知らないと危ない「発注者のリスク」(1)

　前号では、大気汚染防止法改正の問題点、積み残された課題を取り上げましたが、今号では積み残された課題がどの様なリスクを孕んでいるか考察します。発注者の経済的・道義的リスク回避に役立てていただければ幸いです。

アスベスト分析の最大の問題点

①責任の所在

　アスベスト分析の誤判定による損害賠償は誰が負うのか？

　当然のことながら一義的には分析を受託したところとなりますが、受託者イコール分析会社とは限りません。建築物の所有者であったり、管理業者、コンサルタント、設計事務所、解体工事業者のときもあります。分析結果の最終責任は分析したところですが、サンプリングの仕方にも多大な影響を受けます。

　また恣意的にアスベストの入っていない

天井を確認

ものを検体とすることも可能です。責任の所在は一筋縄では立証できません。とは言え、分析会社の責任が問われる事は明白です。大防法改正の議論の中でも、発注者（所有者も含まれる）並びにアスベスト分析会社の資質が問題になりました。発注者による不正の一つは、事前調査によるアスベスト含有建材の無視です。アスベストが含まれる建材を使用した建物は解体するとき自治体や労働基準監督署への届出と石綿障害予防規則（厚労省）による解体作業が義務付けられ、多くの時間と費用負担が発生します。その費用負担を免れるために事前調査での不正（アスベスト建材が使われていないことにしてしまう）が横行しました。この反省から改正法では事前調査の重要性に鑑み事前調査制度改善を図ったものです。

　公官庁では、予算の確保がなされていない案件はいくら必要性があっても執行出来ません。事前調査も例外ではありません。しっかりした調査を行うには事前調査・本調査（サンプリング・分析）の予算取りが必要で、前年度の概算要求からの準備が必要です。

　もう一つの不正は、サンプリングの仕方で分析結果を如何様にもできる事、すなわち意図的にアスベストが入っていない検体を分析に出し、アスベスト非含有とすることで処理工事費負担を免れる事に利用されたものです。分析会社は分析結果に、持ち込まれたサンプルであることを記載して責任

を回避していますが、持ち込みサンプルの取り扱いに関しては未だに有効的な対策は立てられていません。

　一方、分析会社の資質は、依頼者（発注者）の中に「早く、安く、そしてアスベストが入っていない」証明を書いてくれるところが良い分析会社だ、とする風潮があります。安易に依頼者の要求に屈してしまう分析者も散見されることは業界全体の信頼性喪失に直結します。鉛筆ナメナメでは経費は鉛筆と紙だけです。儲かるでしょうが、これでは正直者が損をし、まじめな分析業者が淘汰されてしまいます。

　この様な現実に、一体誰が責任を取れると言うのでしょうか？ 発注者はこれ等の問題を勘案したうえで信頼性の担保された事前調査・分析会社の選定をしてください。

　また法律の制度設計にも課題があります。

含有調査のようす（配管部分の採取）

②法律の制度設計上の問題点

　先般の大防法改正で、積み残された課題として調査・分析会社の審査・登録制度の創設があります。

　現在アスベストの調査・分析は未経験の人（会社）が行うことができます。調査知識・分析精度の担保がなされていません。全く信用できない数値が出回っています。環境計量証明事業者でさえ知識、経験不足の所が多い事が分かっています。日本環境測定分析協会がこの不備を解消するため、研修制度をスタートさせ信頼性の確保に努めている事は評価されるべきです。発注者の選択支として、研修修了者が分析するという条件設定も大変意義のある事です。

発注者（所有者）のリスク

　発注者のリスクは、上記した問題点だけではありません。例え善意の第三者であっても株主から提訴される恐れもあります。ま

た、以前にも記述しましたが、あらためて問題提起します。株を買う人は会社の決算を見て株価を判断します。その決算書に隠れた負債が有れば発覚したとき株価は下がります。アスベストの除去費用は非常に高くなります。決算時に除去費用は負債として計上しなくてはなりませんが、隠されていれば分かりません、分かったときに株価は下がり株主は損害を被ります。特に前記した問題点のような事が発覚すれば「株主代表訴訟」を起こされる事は避けられません。

　発注者（所有者）には厳しい話ばかりですが避けて通れません。では、どの様にしたらリスクの軽減に繋がるのでしょうか。次回は発注者のリスク回避について紹介します。

2015年11月号より

焦点は建物解体！
アスベスト被害再発と危機回避　大石 一成

［第9回］
アスベスト分析、
知らないと危ない「発注者のリスク」(2)

前号に続き、発注者 (所有者) のリスク回避について取り上げます。

法改正において重要視された事項に「事前調査」があります、ここでは「本調査」と合わせて解説します。

事前調査 (目視調査)

法改正前は、事前調査の段階で多くのアスベストがスルーされてしまい違法処理の元凶となっていました。法改正を受けて国土交通省では早急な対策を講じる事となり新たな制度を創設しました。「建築物石綿含有建材調査者制度」です。

この制度の目的は、石綿の関連疾患とリスク、建築物の構造・建材等に関する知識を、座学を通じて学び、さらに実際の建物における調査の実務能力を実際の建築物を使った演習を通じて習得させる事です。これらの内容を一定水準以上で修得したと認められる受講者には修了証明書を交付し、建築物石綿含有建材調査者として国交省より資格が付与されます。

事前調査は国交省が補助金を出して調査を行っていますが、今後は国交省が管轄する建築物に由来するアスベスト調査の補助金は「建築物石綿含有建材調査者」による調査でないと認められなくなります。建築物所有者が補助金を受けて事前調査をする場合は、国土交通省の資格者「建築物石綿含有建材調査者」が調査を実施することが交付の条件になるということです。

私見ですが、国土交通省は制度普及を図る事に注力しています、しかし現段階では「建築物石綿含有建材調査者」(以下、該当調査者という) が少なく、すべての建築物の事前調査を該当調査者が調査することには限界があります。これは行政当局が判断することですが、現実的な対応として該当調査者が指揮して、その他の者も使い現場管理する方法もあって良いのではないでしょうか。その様にしないと全ての建築物の事前調査を該当調査者だけでできるとは思えません。当面の経過措置として考慮して頂きたく思います。

またその事で法制度設計の趣旨を逸脱しない事も重要です。発注者側が事前調査・分析会社を選定するとき特に注意しなくてはならない事は、有資格者が在籍する調査会社・分析会社であることが必須要件となりますので注意してください。

行政側が発注者となり入札者を選定する場合、この「建築物石綿含有建材調査者」が在籍する事を要件とする必要性を痛感致します。税金を使って調査した結果がずさんなものであれば批判の矢面に立たされることは明らかです。

アスベストの本格調査
(破壊調査・分析)

本調査は事前調査 (目視調査) と違いサン

プリング及び機器分析を行います。サンプリングはどこをどれ位取れば良いのか判断が必要ですので、「建築物石綿含有建材調査者」あるいは「アスベスト診断士」によるサンプリングが必要です。

分析は顕微鏡、エックス線回折装置、電子顕微鏡を使って行われます。この分析能力を公的に担保できるところは、国際規格の試験所認定制度「ISO/IEC17025認定試験所」です。

日本ではあまりなじみがありませんが、「国際的には広く認知されている制度です」と言うより、この制度で世界は回っているのが現実です。WTO/TBTには各国政府はこの認定試験所の試験結果は受け入れなければならない事としています。また国際会計基準に対応できる試験結果となりますので上場企業には欠かせません。

発注者がアスベスト分析を依頼する場合には、この資格を保持する試験所をお勧めします。

認定リストはJAB（日本適合性認定協会）のホームページを参照してください。

公的に認められた試験所の評価方法ではありませんが、JEMCA（日本環境測定分析協会）の「建材中のアスベスト定性分析技能試験（試験所対象）の合格試験所」およびJAWE（日本作業環境測定協会）の石綿分析技術の評価事業による「認定分析技術者（Aランク）」の在籍試験所があります。JAWEは個人の能力を確認したもので会社組織の能力確認ではないことに留意してください。

試験所の優劣をつけると、

> ISO/IEC17025（石綿分野）認定試験所＞JEMCA合格試験所＞JAWE認定技術者Aランク在籍試験所

となります。

●表

	求められる資格要件	優劣
1	【国際規格ISO/IEC17025認定試験所】 ＋ 【JEMCA合格試験所】 ＋ 【JAWE認定技術者(Aランク)在籍試験所】 全ての資格要件が適合している試験所は安全安心です。	◎
2	【国際規格ISO/IEC17025認定試験所】 ＋ 【JEMCA合格試験所】 上記2条件が適合の試験所も信頼できます。	○
3	【JEMCA合格試験所】 ＋ 【JAWE認定技術者(Aランク)在籍試験所】 試験所としての組織能力を認定されたものではありません	△
4	適合条件なし このような試験所はトラブルリスクが高く避ける事が賢明です。	×

以上の事を勘案して分析会社選定の順位をつけてみました、上記の表に示します。

試験所の能力・適合性評価

調査・測定分析機関の能力、適合性評価を纏めてみますと次のようになります。

事前調査からサンプリングそして分析評価それぞれの工程では

①事前調査者に求められるもの
　建築物石綿含有建材調査者
②サンプリングに求められるもの
　建築物石綿含有建材調査者、
　あるいはアスベスト診断士
③分析評価に求められるもの
　ISO/IEC17025（アスベスト分野）
　認定試験所

となります。

2016年1月号より

焦点は建物解体！
アスベスト被害再発と危機回避　大石 一成

［第10回］

アスベスト代替品の規制が始まる

含有1%超で
作業環境測定など義務化

　これまでアスベスト問題について注意喚起を求めてきましたが、今号では、アスベストに代わり使用されている物質が新たな規制の対象となった事を取り上げます。概略は以下の通りです。

［正式名称］
リフラクトリーセラミックファイバー
(Refractory Ceramic Fiber)
公式に用いられる略称：RCF

［規制対象の理由］
国際がん研究機構 (IARC)、米国国家毒性プログラム (NTP)、EUにおいて、発がん性の恐れがある物質とされている。ヒトに対する毒性は、アスベストに近いものと考えられる。

［挙動］
白色で無臭の平均繊維径2〜4 μmの固体。水、有機溶媒に不溶で、不燃性。1000℃を超えると結晶性物質（クリストバライト）となる。アスベストの代替品として使用される。皮膚についた場合はかゆみ、紅斑を生じ、吸引すると呼吸器系の障害が生じる恐れがある。

［組成］
シリカ (40〜60%)、アルミナ (30〜60%)、その他。シリカとアルミナを主成分とした非晶質の人造鉱物繊維。

［規制法律］
労働安全衛生法および特定化学物質障害予防規則では2016年11月1日から1%を超える材料を取り扱う場合、局所排気、換気装置の設置、および6カ月以内に一度以上作業環境測定が義務づけられる。また、2017年11月1日よりRCFを製造・取り扱う場合は、作業主任者を選任し、設備・保護具の使用状況を監視させる事が義務づけられることとなっている。

［規制値］
長さ5 μm以上、幅が3 μm未満、アスペクト比が3以上の繊維を計数して、0.3f/㎤であること。

［測定分析方法］
ろ過捕集方法による採取、および位相差顕微鏡を用いた計数法。

［諸外国の規制実体］
1997年にEU指令97/69/EC「人造非晶質繊維の発がん分類と包装表示」で発がん性が指摘され、欧州では0.1%を超える場合、輸出入に含有量を示すなどの規制がかけられている。

　国内の用途ですが、アスベストと同様に

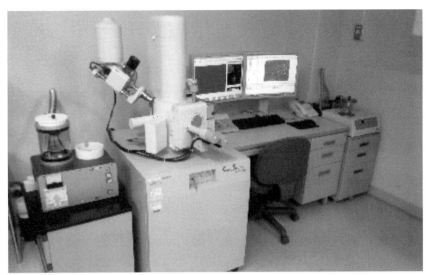
測定は電子顕微鏡分析が可能なラボへ（写真提供：ユーロフィンJAPAN）

高い耐熱性を利用して、炉のライニング材、防火壁保護材、高温用ガスケット・シール材、タービン、絶縁保護材、伸縮継手への耐熱性充填材、炉の絶縁材、熱遮蔽版、耐熱材、熱によるひび、割れ目のつぎあて、炉・溶接＋溶接場のカーテンとして使われているケースが多く、建築現場ではアスベストに代わる断熱材、耐火被覆材として用いられています。

高温炉の炉材としては成型することが可能なので、バーナータイル、炉の点検口などの部品に使用されているほか、また、車、バイクのエンジン周りなど耐熱性が必要な部品に多く用いられています。基本的には「形成可能な耐熱材」としての使用方法が主流です。その他、合金・プラスチックの強化材やバインダーとして添加される用途もあります。

2015年11月に厚生労働省より特定化学物質障害予防規則・作業環境測定基準等の改正がされました（ナフタレンおよびリフラクトリーセラミックファイバーに係る規制の追加）。

RCF測定には電子顕微鏡分析を

本誌を読んで喫緊の課題となる事は良く

分かったが、肝心の測定分析は何処が可能か？　という問い合わせがあります。経験と実施能力を勘案すれば、世界的に規制が先行している欧米系ラボが経験豊かであることは否めません。

日本では測定法として位相差顕微鏡を用いた方法となっていますが、位相差顕微鏡ではRCF以外のアスベストやその他の繊維も計測されてしまい、正確なRCFの繊維数濃度を測定する事は不可能です。日本の測定法を位相差顕微鏡とした背景には、国内の多くのラボが位相差顕微鏡を所持していることが最大の理由です。

私見ですがこのままでは、また測定の「やり直し」が発生してしまいます。正確なRCFの繊維数濃度を測定する為には電子顕微鏡を用いた方法が最適です。

電子顕微鏡分析が可能なラボが限られているという現実がありますが、インターネット等で分析可能なラボを検索してみて下さい。

2016年3月号より

焦点は建物解体！
アスベスト被害再発と危機回避 　大石 一成

［第11回］

アスベスト代替物質RCF
「リフラクトリーセラミックファイバー」規制

前号では、アスベストの代替物質である
リフラクトリーセラミックファイバー（以
下RCF）について、物質の性質、用途、法
規制などを説明しました。

今号では厚生労働省の資料を参照しても
う少し掘り下げたいと思います。

アスベスト代替品の人工生成物

RCFは言わずと知れたアスベストの代替
品です。アスベストは自然由来の鉱物です
がRCFは人工生成物です。

アスベストが2012年3月に全面禁止さ
れ、その代替品として使用されているRCF
が今回、規制の対象となりました。RCFを

製造している会社、部品として使用してい
る企業や作業者は不安な状態がいつまで続
くのでしょうか。

重複するかもしれませんが厚生労働省の
資料より関連個所を抜粋して記載します。

【今回の改正の関係法令】
・政令/労働安全衛生法施行令（2015年8
月12日公布、2015年11月1日施行）
・省令/労働安全衛生規則、特定化学物質
障害予防規則（特化則）など（2015年9
月17日公布、2015年11月1日施行）
・告示/作業環境測定基準、作業環境評価
基準、特定化学物質障害予防規則の規定
に基づく厚生労働大臣が定める性能、作

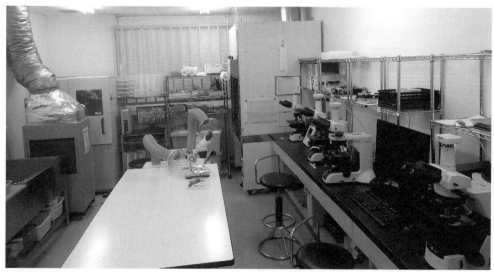

分析室の全景（写真提供：ユーロフィン日本総研）

分析に使用する顕微鏡（写真提供：ユーロフィン日本総研）

業環境測定士規定（2015年9月30日改正）

【作業環境測定】
・RCF等の製造、取り扱い屋内作業場では、
　①作業環境測定とその評価
　②測定結果に適応した改善
　を行うことが必要。
　※6カ月以内ごとに1回、定期に、作業環境測定士（国家資格）による作業環境測定を実施すること。
　※結果について一定の方法で評価を行い、評価結果に応じた適切な改善が必要。
　※測定の記録、評価の記録を保存。
　2016年11月1日より適用（政令附則）。

【基準】
　管理濃度：0.3本/㎤（5μm以上の繊維として）
　試料採取方法：濾過補修方法
　分析方法：位相差顕微を用いた計数方法、又は同等以上の性能を有する電子顕微鏡など

【その他】
・作業者を守る為の保護具（ウエア、マスク）の着用
・排気装置の設置など

建物解体時の法整備が抜本的な対応に

　RCFの規制は始まったばかりです。アスベストが規制され代替品としてRCFが登場し、RCFの次はどの様な物質が現れ、代替となるのでしょうか？そしてその代替品は安全なのでしょうか？

　以前にも述べましたがダイオキシンでは人は死んでいません。アスベストは交通災害以上の人命が失われています、今後30万人以上の命が失われるのです。

　環境省、厚生労働省の規制法だけで対応出来るのでしょうか？

　今後は建物の解体に伴う災害が発生することを国も認めています。解体は建築物を司る国土交通省の管轄です。

　ダイオキシンはダイオキシン特別措置法を整備して対処しました。アスベストについても解体時の法整備が抜本的な対応になると考えます。次回は解体に伴う法整備に焦点を当てたいと思います。

2016年5月号より

焦点は建物解体！
アスベスト被害再発と危機回避　大石 一成

［第12回］
アスベスト分析に関わる混乱の歴史（1）

前号では、アスベスト代替物質RCF（リフラクトリー・セラミック・ファイバー）がアスベストと同様に規制の対象となった事をお伝え致しました。今号では、アスベスト分析にまつわる混乱と対応の歴史を解説したいと思います。

アスベスト規制は混乱の歴史そのものでした。ここではリスクマネジメントの立場から分析に纏わる混乱の歴史を振り返り、今後に起こり得る事態に対処出来るようにして頂きたいと思います。

分析のやり直し

2008年、従来のアスベスト鉱物3種類分

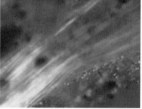

偏光顕微鏡写真（クリソタイル）

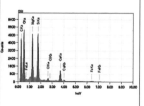

電子顕微鏡写真とEDXチャート（クリソタイル）

析が、6種類分析に変更になりました。

アスベストの種類は6種（アモサイト、クリソタイル、クロシドライト、トレモライト、アンソフィライト、アクチノライト）です、2008年まではアモサイト、クリソタイル、クロシドライトの三鉱物を分析すれば事足りました。この理由としてトレモライト、アンソフィライト、アクチノライトは輸入実績が無く、日本では使われていない、と言うものでした。ここに大きな落とし穴が潜んでいました、原材料として輸入されていなくとも部品として輸入されていれば当然日本国内でも流通します。アスベスト3種類を測定分析しなくてもよいと言う前提が崩れた瞬間です。そもそも論になりますが、入っていない証明をするため測定分析するのに、この様な考え方は成り立ちません。

そして、それまで全国で測定した結果も、改めて測定分析の「やり直し」をする事になりました。建物の所有者や産業界からは不満の声が上がったことは言うまでもありません。

事前調査の混乱

現在進行中なのが、アスベスト事前調査結果に基づく混乱です。

アスベストの危険度レベルに応じた事前調査は、レベル1から順次レベル2、レベル3へと移行する

のですが、レベル1でアスベストが無いと判断された所有者が、全てのアスベストが無かったと勘違いしている事です。正確に言うとレベル1の調査でアスベストが無かったからと言って、レベル2及びレベル3のアスベストが無いとは言えません、有るか無いか調査・分析しない限り分からないことです。

この混乱の原因は説明が不十分で有ったことによります。例えば、本調査はレベル1の調査で2と3は含まれていない事、2と3の調査は改めて行われること、などを説明しておけば防げたのかもしれません。この問題の深刻な事は、所有者が全て調査済みで、アスベストはないと認識していることです。実態調査をするとアスベストの調査は終わりました、アスベストはありませんと回答が返ってきます。

アスベストの飛散リスクのレベル1、レベル2、レベル3を説明します。

「レベル1」は、アスベストの飛散リスクが最も高いものです。アスベストを主体として建築物に吹き付けた状態の物など耐火建築物に使われています。駐車場の鉄骨などに吹き付け処理されたものが代表例です。

「レベル2」は、アスベストの飛散リスクが高いものです。断熱材、保温材、耐火被覆材などに使われています。焼却炉、ボイラー、空調ダクトなどが代表例です。

「レベル3」は、アスベストの飛散リスクが低いものですがアスベストは含まれています。

建物の屋根、外壁材、内装材として使われています。建材の中に封じ込まれていますが、解体時の破断などで飛散することがあります、古いスレート材は、もろく飛散に注意が必要です。

繰り返しますが、アスベスト事前調査の課題は、レベル1の調査をした所有者が全てのアスベストを調査したと誤認しているところにあります。レベル2の調査も、レベル3の調査も続くことに注目してください。

なお、ユーロフィン日本総研では、7月に欧州におけるアスベストの現状を掌握する調査チームを派遣いたします。次号以降では、写真をふんだんに使った緊急リポートを寄稿いたしたいと思っております、ご期待ください。

レベル1:耐火被覆吹付材

レベル2:珪藻土保温材

レベル3:軒天ケイカル板

※写真はすべてユーロフィン日本による提供

2016年7月号より

焦点は建物解体！ アスベスト被害再発と危機回避　大石 一成

［第13回］

これからあなたは「死の危機」に直面する

アスベスト被害防止が叫ばれて久しいですが、国民の間では「すでに過ぎ去った過去の問題」と思われています。それは間違っています。「2000年から2039年までの40年間に十万人の国民がアスベストで死ぬ」事を知っていますか。自分の家にも、隣のビルにも、工場にも、アスベストが使われています。自分や家族が病気になって初めて気付く、いかにも日本人的です。

世界の多くは、紛争、テロ、経済危機、難民問題に直面し疲弊しています。その中で極楽トンボが呑気に飛んでいる日本「平和ボケ」「危機ボケ」、それで良いのですか？

十万人（ピークでは年一万人以上）がアスベスト肺、がんで死ぬという事は国の公式発表です。ピークでは交通事故死の2倍以上の死亡者数ということです。日本の何処かで紛争が起きて十万人の国民が死んだら大問題でしょう。

なぜマスコミはこの問題に長期的に取り組まないのでしょうか？ マスコミ自身の収益に繋がらないからですか？ マスコミとしての使命は感じていますか？ マスコミがとり上げなければ埋もれてしまいます。国民は気にも掛けてくれません。

実は、アスベスト問題で一番のキーマンは「マスコミ」です。マスコミが長期に取り上げることで国民の関心も高まり、政治も官僚も動かざるを得ない様になります、産業界も対策に本腰を入れざるを得ない状況が生まれます。どうかマスコミの皆さんお願いです、最後の砦なのです。この危機を救える「ナイト」は貴方たちなのです。

これから先は、直近の実態を報告してまいります。

総務省の「勧告」で動きも

アスベストの危機対応について、再三の警告にも関わらず、一向に危機意識の改善が進まないことに関し、総務省が報告をまとめています。「アスベスト対策に関する行政評価・監視」、2016年5月付け総務省行政評価局による「結果報告書」です。

この報告は、アスベストによる健康被害を防止する観点から、ⅰ）建築物の解体時等における飛散・ばく露防止対策の実施状況、ⅱ）災害時における飛散・ばく露防止対策の体制の整備状況、ⅲ）建築物におけるアスベスト含有建材の使用実態の掌握状況、等を調査し、関係行政の改善に資するために実施

Lung Tumor　Normal X-Ray

C
L
H
v
v

出典 merckmanual.jp

石綿による健康被害

したものです。

報告書を読むと、驚愕の事実が報告されています。ここには、国民が知ったら憤りを覚える事実があります。例として各都道府県、自治体当局が国の調査に回答した言い分が明示されています。要約すると次のようなものです。

総務省等が【アスベストの使用実態を含めて調査を行うよう通知しているにもかかわらず、それ以降、当該使用実態の調査を行っていない理由】は何ですか？ と聞いているのに対する回答です。

端的に言うと、都道府県、自治体の言い訳は、(ア)金がないからやれない、(イ)仕事が増えるからやらない、(ウ)総務省、厚労省など国からやれと言われなかったからやらなかった、というものです、皆さんこれを理解し納得できますか？ 私は絶対に納得できません。もしそのようなことが罷り通るのであれば、国民も、企業も「金がないから、仕事が増えるから」を理由に義務を果たさなくなり社会は成り立ちません。

これらは不作為の過失に該当します、後に健康被害を受けた方々から、行政相手の訴訟の事由になります。この報告書は総務省HPにて公開されてますので参照ください。

その結果として総務省は関係省庁に【勧告】を出し、関係省庁は勧告に基づき所管の組織に調査の実施を指示したところです。

厚生労働省は、この【勧告】を受けて、都道府県知事宛の通達（依頼）を発し、各知事は管轄下の調査対象病院に、期日までに回答するように通達（依頼）を出しています。この中で特筆すべき事は、有態に言えば不誠実な所は「公表する」と脅しています。

これとは別に文部科学省、国土交通省、環境省なども【勧告】を受けて動きが出る事と思いますが、現時点では動きは見えません。

ここでまた一つトラブルが発生しています。毎回、調査ごとに繰り返されることですが【現場担当者の誤解・思い込み】による調査漏れです。主な誤認とは「以前調査は済んでいるので新たにやる必要はない」とい

アスベスト分析のようす（ユーロフィン日本提供）

う点です。過去にも本誌で取り上げましたが、何度実施しても繰り返される課題です。

もう一度説明をすると、①レベル1の調査、②レベル2の調査、③レベル3の調査、はそれぞれ別物です。アスベストの分析も過去に行った時とa) 分析項目が追加されている、b) 規制基準値が厳しくなっている、などの理由でやり直しのケースも出てきます。これらの事を踏まえて、その都度調査をして報告します。現在はレベル1をほぼ終えて、レベル2の調査をするところです。関係省庁の指示（依頼）の中にあるフォローアップ調査についての意味は、レベル1の調査に漏れがあるので、再確認を求めているところです。

よく質問されることは、なぜ段階的に調査をするのか？ と言うものですが、レベル1（吹付け材）はアスベストが飛散しやすく、除去が喫緊の課題となっていたためと答えています。

関係省庁の現場では、ほぼ同じような事が、今も繰り返されています。今回の調査【勧告】は、事の重大性にも関わらず、遅々とし進まないことに総務省は危機感と言うか、「苛立ち」すら覚えて要るのではないかと思います。

2016年9月号より

連載

焦点は建物解体！
アスベスト被害再発と危機回避　大石 一成

［第14回］
解決されないアスベスト問題

　今号では、前回で問題提起したアスベストが放置される問題について、もう少し掘り下げたいと思います。アスベストの重大な危険性にも関わらず問題が放置される原因はどこにあるのでしょうか?

　原因は、はっきり言って「切迫感に欠ける」からです。貴方が数年以内に「アスベストで死ぬ」と言われれば、すぐにでも行動をおこすでしょうが、遠い未来の事ならすぐには行動しないでしょう? まして自分は、そのようにはならないと思っていますから…貴方だけでなく、みんなそのように思っています。

　人は、触れたり飲んだりすると、すぐに異常を来たすものには警戒しますが、すぐに変化が現れないものには鈍感です。

　慢性毒性は、すぐに異常を覚えないので、知らず知らずの内に罹患してしまいます。アスベストによる病気は、まさにこの慢性毒性によるものです。アスベスト肺、中皮腫、肺がんは十数年〜三、四十年かけて発症しま

す、それまでは自覚症状が無い事が多く、まったく気が付かない人もいます。インフルエンザはすぐに症状が出るので気が付きますね、これはウイルスによる感染症です。数日から1週間ぐらいで発症します。

　毒物を飲めば直ぐに症状が現れます（急性毒性）。この毒物を薄めて少しずつ飲めば、すぐに症状は現れませんが、いずれ内臓の機能低下など症状が現れます（慢性毒性）。同じ毒物でも使われ方により毒性は変わります。

　アスベストは毒物とは発症のメカニズムが違う（刺激による細胞の硬化、癌化）ので単純には比較になりませんが。

　社会は、激症には敏感ですが、緩やかな変化には関心を示しません。アスベストの危険性が日本社会では関心を持たれないのです。しかしダイオキシンでは一人も死んではいませんが、アスベストは多くの人が死んでいるのです。そして、これからアスベストを含む建築物が解体時期を迎えます。国

●アスベスト対策に関する行政評価・監視－飛散・ばく露防止対策を中心として－の結果に基づく勧告の概要

調査対象		主な調査結果		主な勧告
建築物の解体時等のアスベスト飛散・ばく露防止対策	→	(1)事業者が事前調査でアスベスト含有材を見落とす等により、適切な飛散・ばく露防止措置を講じず解体等工事を実施 (2)大気汚染防止法の規制対象外のアスベスト含有成形板について、事業者による湿潤化不足等により、飛散・ばく露のおそれ (3)アスベストの飛散・ばく露防止措置不備等、県市による指導事項の改善確認が不十分	→	・調査の適正な実施の確保 ・実態を把握し、所要の措置 ・改善措置状況の確認の徹底
災害時のアスベスト飛散・ばく露防止対策	→	(4)平常時からのアスベスト使用建築物の所在情報の収集等、災害時に備えた準備を行っている県市は一部	→	災害時に備えた対策内容の周知徹底

出典：総務省

の統計予測でも、累計で数十万人が亡くなる事が確実視されています。なぜ社会は、国民は危機感を持たないのでしょうか?

世界の先進国では政府も国民もマスコミも危機感を共有しています、規制強化と対策を進めています。日本政府も一部法改正して対策に乗り出していますが不十分です。

ダイオキシンは特別立法を作り対処していますが、それよりはるかに危険なアスベストをなぜに省庁を横断する特別立法としないのか理解できません。この流れを変えるのは国民ですが、国民意識の啓発はマスコミの使命です。マスコミが継続的に取り上げれば、国会でも審議され特別立法に道は開けるのですが、このままでは手遅れになってしまいます。

国が何もしないと言っているのではありません。私も前回の法改正で少しですがお手伝いをしましたから、それぞれの立場は理解しています。行政は法律に基づき執行されていますので法律の範囲内でしか出来ません。前回の改正で積み残した課題、先進各国との乖離など、早く解消して、行政が機能的に対処できるようにして頂きたいのです。

関係機関・各都道府県への調査依頼

次に現行の法律、制度では限界がある事の実例を挙げてみます。

総務省は、この様な事態に危機感を募らせ、今年の5月13日、関係省庁に勧告を出しました。【総務省行政評価局勧告】です。

関係省庁は勧告に基づき、省庁直轄部局に以下の【依頼】をしています。

文部科学省 大臣官房文教施設企画部長より
「学校施設等における石綿含有保温材等の使用状況調査について」(依頼)
宛先・各都道府県教育委員会教育長・各知事・各国公私立大学長・各公私立高等専門学校長・各文部科学省関連の長・他

厚生労働省 厚生労働省医政局長より
「病院における吹き付けアスベスト等使用実態調査に係るフォローアップ調査及びアスベスト含有保温材等使用実態調査の実施について」(依頼)
宛先・各都道府県知事

厚生労働省 医政局地域医療計画課長より
「病院における吹き付けアスベスト等使用実態調査に係るフォローアップ調査及びアスベスト含有保温材等使用実態調査について」(協力依頼)
宛先・公益社団法人日本医師会・各都道府県知事

このように、関係機関・各都道府県知事に調査の「依頼」をしています。そして順繰りに各都道府県の関係部局は知事名で関係機関に【調査依頼】を出しています。

それでは、実際の現場の動き、実態はどのような結末を迎えていたのでしょうか。

総務省行政評価局とは、その名の通り、行政の仕事ぶりを調査、監督しています。今回の勧告は、調査結果が余りにも酷く放置できない事によります。私見ですが、総務省は相当「苛立って」います。総務省の報告を見れば、如何に自治体が無責任な対応か分かります。

アスベスト調査への回答で、腹立たしいのは「金が無いからやれない」「やれと言われなかったからやらなかった」などです。この様な事が世間では通用するのでしょうか。私企業であれば「ブラック企業」としてバッシングされます。このような自治体から督促状が来たら「金が無いから払わない」「払いたくないから納税しない」とでも言えば通るのでしょうか。ブラック自治体の首長さん、いかがでしょうか?

2016年11月号より

焦点は建物解体！
アスベスト被害再発と危機回避　大石 一成

［第15回］
アスベスト分析に関わる混乱の歴史（2）

前号では関係者の「誤認」、「誤解」による思い込み、「無知」による混乱の歴史を紐解いてきましたが、本号でも再び取り上げなくてはならない事態となっています。

すでに皆様ご存知の通り、全国各地で終わったはずのアスベストが明るみに出て国民の怒りの対象に成りつつあります。

これらは残念ながら行政の責任と断罪されても仕方がありません。アスベスト訴訟の多くは国の責任を認めていますが、地方行政（都道府県、市町村）は他人事のように傍観していいます。しかし今回ばかりはそのようにはいきません。今後は地方自治体の行政責任が問われます。また訴訟となった場合、その多くで敗訴となる事を覚悟せねばなりません。現在アスベストの危険性は誰でも知っています。今後数十万人がアスベストに起因する疾病で死亡することも知られています。危険性は公知の事実です、次に危険性を知ったうえで適切な対策を講じたか否かです。

本連載のタイトルにも関連しますが、公共の用に供する施設にアスベストが有るか無いか、国はその責任を果たすため総務省の勧告にもあるように度々調査をして報告するように指導しています。アスベストが使われているか否かの分かる能力を備えた調査員による目視調査と、訴訟に耐えうる分析会社による分析がなされているか？と言う事です。当然これらの措置を講じていなければ、訴訟では勝てません。本号で取り上げる三項目の課題も争点となります。

三項目の課題

a）アスベスト・レベル1、2、3の調査

アスベストは使用されている状態により危険度を三段階（レベル1・2・3）に分けています。レベル1はアスベスト含有吹付け材、レベル2はアスベスト含有煙突断熱材及び配管保温材、レベル3はアスベスト含有成型板です。今まで出された調査指示は、レベル1の調査が終わりレベル2の調査に取りかかっているところです。しかしレベル1もやってないところが残っているのでフォローアップ調査もしてください、というものです。

ここで行政の瑕疵として留意しなくてはならない事は、過去に行ったレベル1の調査で全て終わったと「勝手に解釈」している事です。今後もレベル2、レベル3とその都度調査が必要な事を理解し、施設所有者にも周知徹底していない事です。施設所有者からの回答が、何度調査しても「終わっている」としか回答が無いのはこのためです。取りまとめた部署も理解できていないのでそのまま報告して終わり、そのうちに各地で不祥事が発覚して火を噴きはじめているのが現状です。

b）アスベストの種類3鉱物から6鉱物に調査対象が拡大

アスベスト鉱物は、元々6種類ですが、

当初は3種類しか輸入していないと【誤解】していたために、3種類しか分析していませんでした。その後に輸入していることが分かり、6種類の分析が必要となりました。古い調査結果でアスベスト「無し」となっていても、6種類の分析では「有り」となる可能性を考えれば分析のやり直しが必要です。

c) アスベストの含有量の規制強化が1%から0.1%に規制強化されています。

アスベスト含有量の判定は規制強化以前は1%以上でしたが、規制強化後は0.1%になっています。これも前項と同じく古い分析結果では（非含有）であっても1%以下0.1%以上の場合（含有）判定」となります。これも分析をやり直さないといけません【誤認】。

行政の方々にも事の核心（上記a・b・c）を理解して頂き、施設所有者に正確な調査指示を望むものです。現実として、前記したように無責任な構図となってしまった事は残念ですが、原因を明らかにすることで対策の進展に期待したいと思います。このまま問題を放置して訴訟となった場合の敗訴リスクは以下の通りです。

行政側訴訟敗訴の課題

①指示を出している側（都道府県市町村）の問題

調査指示を出している側にも大きな問題があります。調査内容をよく掌握していない、現場から問い合わせがあっても答えられない、指導できないなどです。

②指示を受けた側（施設所有者）の問題

以前やったからもう終わっている、設計会社、建設会社に問い合わせたらアスベストは無いと言われた、過去に分析したが無かった、過去の調査で非含有、などを放置すればリスクは高くなります。

北海道では、学校の煙突に使われていたアスベストが落下して使えなくなっていま

す。北海道に端を発した騒動は全国各地に広まる事でしょう。実は2016年5月13日の総務省行政評価局の【勧告】には、文部科学省が含まれていませんでした。その理由は、文科省が各都道府県の教育委員会を通じて調査を適切に行っていると理解していた事によります。しかし実態は調査が適切に行われていない結果となりました。なぜこの様な事が起こるのでしょうか？　私なりに原因調査をした結果、構造的な行政体質と本質を理解しない【無知】に起因しています。

文科省以外にも、厚生労働省管轄の病院や保育園、老人ホームなどの福祉施設では、依然として【勧告】後も平然と「終わっている」と主張している所が多くみられます。今回の新聞報道で事が明るみに出され右往左往しています。しかしながら実態は更に深刻です、右往左往している人たちは未だ良い方です、やっと現実に気づき行動を起さざるを得ない事態に向き合ったからです。これだけ話題になりながら、未だに気づかない当事者には絶望感さえ覚えます。

アスベストの事前調査をしている現場担当者の声を聴くと、愕然とする事が多くあります。いちばん衝撃的な事柄は、行政当局の「毎年の調査」に無責任に回答している施設担当者（施設所有者）が多い事です。調査会社などが間違っている点を指摘すると、施設担当者が怒り出すということもあります。当然、物言いなどにも問題があったのかもしれませんが分別ある人として、課題の指摘には謙虚であるべきです。

まして第三者の生命に関わる案件ですし、何よりも自分自身が、そのようなリスク環境下で日々仕事をしている訳ですから、自身の生命にも関わる重大事であるはずです。

2017年1月号より

焦点は建物解体！
アスベスト被害再発と危機回避　大石 一成

［第16回］

アスベスト分析に関わる混乱の歴史（3）

　前号では調査結果の不備について述べましたが、今号でも引き続き解説して参ります。

　総務省行政評価局は、前回の勧告「平成28年5月13日」を出しましたが、この勧告後の改善措置状況を本年1月17日に公表しました。【アスベスト対策に関する行政評価・監視の勧告に対する改善措置状況】です。この事については次号でも解説して参りたいと思います。

　勧告の主な「改善措置状況」にも記載されていますが環境省、厚生労働省は以下のように改善措置を講ずるとしています。

　【県市等に対して、事前調査が不十分な事案について発生原因等に関する情報提供を要請。収集した情報を整理、分析し、その結果について県市等に提供し、注意喚起予定】。

　まさに本誌で指摘した【誤解・誤認・思い込み】の御三家（規制基準の強化/規制鉱物の追加/レベル1.2.3の事前調査）は「不十分な事案」の代表例です。

　事業者側はもちろんの事、行政側にも十分な理解が無いと指導が出来ない事は明らかです。行政責任としての義務と言えますので行政担当部署及び担当者の十分な理解

●アスベスト対策の現状

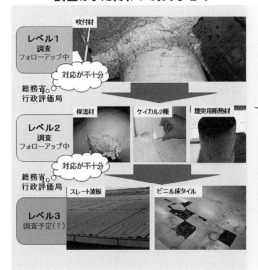

出典：ユーロフィン日本総研㈱

が必要です。

不十分な事案として、もう一度【誤解・誤認・思い込み】の御三家を解説致します。

事業者が不十分な回答をしている根本原因

その1　【誤解】

アスベストの含有が1%以上から0.1%以上に規制強化されています。過去の調査での判定でアスベストが無い（1%以下）と判定されていたとしても、現在の判定では（1%未満から0.1%以上）はアスベスト有り、と判定される事例があります。これは規制基準が強化された後も旧基準の分析結果判定で良いと【誤解】された事が原因です。分析のやり直しが必要となります。

その2　【誤認】

アスベストは6種類の鉱物です。過去には3種類の鉱物しか輸入されてないと【誤認】されていました。その結果として3種類のアスベスト鉱物の分析で良いと【誤認】して3種類の鉱物しか分析していない事例がほとんどです。

アスベストの分析は6種類の鉱物を分析しなくてはいけません、3種類だけで処理すると法律違反となります。分析のやり直しが必要です。

その3　【思い込み】

過去に行った調査がレベル1の調査であるにも関わらずレベル2、レベル3もすでに終わっていると【思い込んでいる】事例が非常に多く有ります。事業者がこの違いを判らないので国が何度も調査しても【調査は終わっている】と【思い込み】の回答をするのです。各地でアスベスト調査が終わりアスベストがないとしている所で事故が多発し、調査漏れが発覚している原因はここにあります。

その他に不十分な事例として、事業者が設計事務所、ゼネコン等に確認した結果、無い（配管等は設計図書に記載がない場合が多い）と回答している場合でも実際は多数のアスベストが発見されています。

行政側の不十分な事例として【行政官が知識不足で指導・監督が出来ない】事により事業者が

①調査が終わってないのに終わったと回答している事を見抜けない

②調査の目的を理解していない

③勧告の趣旨を理解していない

④アスベストの危険性を認識していない

などが挙げられます。

日本の定量分析方法の否定

次に日本の分析方法の特殊性について注意喚起致します。

国際的には日本の分析方法は認知されていないどころか否定・非難されています。何が、どこが非難されているのでしょうか？分析されている試験所、分析技術者の方々はこの矛盾に気づいていますか？質問されたらどのように答えますか？

日本の分析方法は、アスベストの定量分析でX線回折を使っています。前処理として検体試料をすりつぶしてX線回折にかけています。ここが問題です。アスベストは針状の繊維状鉱物です。X線回折では、対象物質をすりつぶして分析しますが鉱物の塊も一緒に定量してしまいます。アスベストの定義は針状の繊維状鉱物です。「塊」などはアスベスト鉱物であってもアスベストに分類してはいけません。

上記は、X線回折装置で定量する事の矛盾と、世界的に日本のアスベスト分析が非難され否定される事を示しています。

焦点は建物解体！
アスベスト被害再発と危機回避　大石 一成

[第17回]

アスベスト混乱の歴史を乗り越えて

　前号までアスベストを巡る混乱の歴史を紐解いてきましたが、今号では現在抱えている課題を解説したいと思います。

1.アスベスト分析における透過型電子顕微鏡（TEM）の普及について

　アスベストの分析における透過型電子顕微鏡（TEM）は、広く世界各国で採用され世界標準となっています。この方法では、アスベスト鉱物の同定、アスベスト状繊維の判定、含有量の測定ができます。日本で電子顕微鏡の導入を拒んでいる最大の要因は高額な事とされていますが決してそのような事はありません。ダイオキシンの分析機器は当初1億円ほどしましたが、最盛期は200台以上が導入されていました。金属分析も数千万円以上しますが分析機関ではごく当たり前の装置です。それに比べて電子顕微鏡はSEMで1000万円ほどで買えます。TEMは8000万前後とダイオキシン用のMSより安いのです。アスベストも分析規格の主体を電子顕微鏡とすれば一気に普及し、世界との乖離を是正できます。

2.アスベスト分析における世界と日本の乖離について

　EUの電子顕微鏡の普及は何故日本で起きなかったのでしょうか？ 不思議な事にEUで使用されている電子顕微鏡には、メイドインJAPANも数多くあります。原因は制度設計時にあるようです。アスベストの分析需要

は、当初作業環境主体あったことが其の事も特異な発展を遂げてしまった要因ではないでしょうか。

3.日本の分析方法がなぜ問題なのか

　日本の分析方法のすべてを否定するものではありません。電子顕微鏡を主体としない、或いはアスベストの含有量を量る方法に問題があるのです。

　そもそもアスベストとは繊維状（針のような形状）のものを定義しています。針状以外の塊はアスベスト鉱物であっても「アスベスト繊維」ではありません。JIS A 1481-2ではX線回折装置を使いますが、X線回折では繊維状（アスベスト）とその他の塊とを分けて分析（定性・定量）出来ません。アスベスト（繊維状物質）ではない鉱物の含有量も計測してしまうリスクがあります。

　分析結果が0.1％以下をアスベスト非含有、0.1％以上をアスベスト含有としています。これオカシクナイデスカ？ アスベストでないもの（も）量り、アスベストの含有、非含有を判定していませんか？

　識者の中には安全サイトに振れるので問題は無いと断言する人もいますが、正確に「分析・定量」するという観点で考えれば、正確な結果を出すのが分析事業者の本筋です。計量証明事業で高めの数値を出すことが良い事ですか？ 違いますよね。

34

 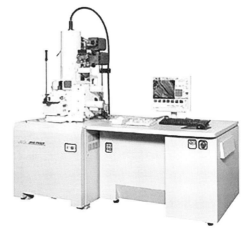

㊧透過型電子顕微鏡　㊨走査型電子顕微鏡　（画像はともに日本電子株式会社より）

4.日本がガラパゴス分析を続ける時、何が起こるか

日本の分析結果は他の諸国の結果と違う事となってしまいます。アスベスト疾患などの対策にも多大な影響が出て来ます。WHOなどの国際会議で日本の様々なデータは？となってしまいます。スタンダードは統一しなくては評価出来ません。日本の発言権にも影響します。世界から批判されている日本のアスベスト分析法を世界と同じ方法に統一するのに何が問題となるのでしょうか？JISの改定JIS A 1481-1の導入はこの意図に沿った事であったはずです。

5.顧客視点から見た分析方法の問題点

JIS A 1481-2からJIS A 1481-1に移行できない要因として、分析会社の営業が顧客にしっかり説明できない事、また説明が面倒なので今までの方法を変えたくないと言うのが実情です。

6.透過型電子顕微鏡を取り入れた場合のメリット

アスベスト以外の繊維状鉱物、アスベスト代替物質（リフラクトリーセラミックファイバー/RCF）は透過型電子顕微鏡を使わないと判別が付きません。今後その他のアスベストと同様なリスクを孕んだカーボンナノチューブなどハイテク素材も問題となっていきます。

話が少し変わりますが、今世間で話題となっている外壁塗膜中のアスベストについてお話しします

国交省の外郭団体の指針で「建築物の改修・解体時における石綿含有建築用仕上塗材からの石綿粉じん飛散防止処理技術指針」によると、アスベスト含有分析調査はJIS A 1481-2を採用することが求められています。これは本来の流れであるJIS A 1481-1から逆行するもので将来混乱を来たすおそれがあります。JIS A 1481-2となった場合、-2の規定では長さが5μm以上、幅が3μm未満のアスペクト比3のものをアスベストと定義され、JIS A 1481-1であるISO法（世界）のアスペクト比20と乖離が出てしまいます。

-1でのアスベストの定義は5μm より長い繊維のアスペクト比が20：1又はそれ以上であるような繊維の存在。長さ方向に極めて細い微小繊維に分かれやすく、概して幅が 0.5μm未満とされています。

2017年5月号より

第2章

アスベスト対策の課題と法令整備

焦点は建物解体！
アスベスト被害再発と危機回避　大石 一成

[第18回]
アスベスト分析の課題（1）

前号では「アスベスト混乱の歴史を乗り越えて」と題して記述いたしましたが、読者の皆さんから未だ問題点は解決していない、もっと啓蒙する必要がある、とお叱りをいただきました。アスベスト判定では、最初の段階で【あり・なし】の分析をしますが今号ではもう一度不可解な日本の分析法を取り上げてみたいと思います。

また、このことに呼応するように、読売新聞が5月29日付けの記事タイトル（石綿有無判定ずれ）としてアスベスト分析の問題について取り上げています。記事の内容を要約すると「国際規格ISO分析方式と日本独自のJIS方式」を同じ試料で比較分析した際に、アスベストの有無について判定に「ずれ」が生じているとの指摘です。日本で分析に関わる者として衝撃的なことは、国際会議の場で【日本の独自方式では40％の確率で誤判定が出る】と指摘されていることです。日本でのアスベスト分析方法は2通り認められています。日本独自のJISの方法と国際規格ISOの方法です。日本では、今でこそ2通りの方法が認められていますが、つい最近まで日本独特のJISの方法しか認められていませんでした。国際的に日本独特の分析方法が批判の対象となり、やむなくISOの方法も認めた経緯があります。

その後、日本の独自方式を国際的に認めさせるよう働きかけましたが、【日本方式は認められない、また二度と討議の場にも上げない】と結論付けされてしまいました。

日本は、なぜこのような不毛の活動を続けるのでしょうか？ 読者の皆さんも疑問に思われるでしょう。それには、最初のボタンの掛け違いがありました。というより、あまりにも関係者の利害関係が反映された政治的な要因で分析方法を決めてしまったためです。その結果、今では抜き差しならない事態となっています。またその要因は関係者の経済的利害関係に影響を及ぼしています。要因は大まかに5項目あります。日本のガラパゴス分析に使用されるX線回折装置を分析機関はどこでも持っています（私の試験所でも）。一台数千万の分析機器が使用できなくなることは困る『①分析機関の都合』、次にX線回折装置を作っているメーカーさんも売れなくなる『②分析機器メーカーの都合』、次にアスベスト建築物所有者が過去の調査をやり直す経済的損失『③アスベスト建築物所有者の都合』、次にX線回折装置で分析をしなさいとしてきた責任『④行政の都合』、最後にX線回折装置での分析を推進してきた関係者『⑤学識経験者等の都合』が複雑に絡み合っています。

①分析機関（会社）の都合は、いずれにせよ早いか遅いかの違いで、国際的にはX線回折装置が使えなくなるのは避けられない状況です。早く国際化（偏光顕微鏡・透過型電子顕微鏡）へのシフトが必要です。

②分析機器メーカーの都合について私がとやかく言える立場に無いのですが、装置の使い道は他の分野の方が圧倒的に多いこ

とは周知の事実です。

③ 所有者の都合については、過去にも分析方法の変更、項目の追加、規制基準の強化など、たびたび分析のやり直しを経験してきました。規制強化などはどこの世界でも起きています。その都度のやり直しは現実的には避けて通ることはできません。

④ 行政の都合は、技術革新や世界情勢の変化にも左右されますので、関係業界の経済負担の状況を見ながらの政策変更はあってしかるべきことだと理解しています。

⑤ 学識経験者等の都合については、その人の力関係・影響力に政策が影響されるのは一面仕方のないことです。あまりにも利益誘導ですと後々批判を受けることとなりますので自重が求められます（関係者は利害関係に関与すべきではありません）。

次に、今現在進行形でこの分析に関係する混乱が現場で起きていますので特記いたします。

最近話題となっている外壁のアスベストです。外壁の下地調整塗材はおよそ3層から6層になっていると言われています。その層自体は薄いために、(a)日本独自の分析方法（JIS-2）で分析しようとすると層をまとめて混合処理し、X線回折分析します。

ここで問題が発生します。層ごとにX線回折できれば良いのですが、それぞれの層が薄いためにできません。層を混合するということは、入っていない層で薄められるので極論すると分析結果は三分の一から六分の一になってしまいます。この方法で分析すると本来アスベストが含有されていると判定すべきところを否含有（無し）と判定してしまいます。

試料名：外壁仕上げ塗材

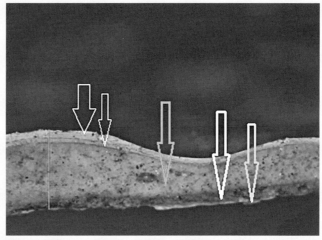

この外壁（試料）は5層で構成されている。（資料提供：ユーロフィン日本総研㈱）

実体顕微鏡写真

次に、(b)ISOの分析方法（JIS-1）です。偏光顕微鏡の分析ですので、層の厚さは影響されません。3層から6層各層ごとに判定を出すことができます。1層でもアスベストが有れば含有（有り）と判定されます。

この結果、日本独自方法（JIS-2）でアスベスト無し、と判定された外壁は適正な処理をされずに剥がし落とされ土壌に混入、あるいは大気に拡散されてしまいます。建物所有者にとっては後に土壌処理、作業者・周辺居住者の健康被害、周辺環境汚染保証など多大な経済的損失と社会的責任を負うリスクを抱えることになってしまいます。この現実は、アスベスト建築物所有者と行政機関に知っていただきたいことです。

アスベスト分析で日本独自方式（JIS-2）にこだわり続けると、どのような弊害が生じるかご理解が得られたでしょうか？

真摯に向き合っていただきたく思います。

2017年7月号より

焦点は建物解体！
アスベスト被害再発と危機回避　大石 一成

［第19回］
アスベスト分析の課題（2）

　前号では、アスベストの分析方法について、「日本は世界から冷たい視線で見られている」事をお伝え致しました。

　その原因が、日本独自の分析方法にあることもご理解いただけたのではないかと思います。また前回「日本独自の分析方法と国際的な分析方法」について解説致しましたが、読者の皆さんから、何故日本の方法がダメなのか？ 未だに、よく理解できないというご意見をいただきました。

　そこで今号では、再び日本の分析法が世界に受け入れられない理由を、もう少し詳細に説明したいと思います。

　いかなる規格・基準もガラパゴスでは無視され、結果として後世にその付けを負担させてしまいます。日本の分析方法を世界基準に合わせるためには関係者の理解と協力が必要不可欠です。早く日本の分析方法の改定を図り、世界基準との壁を取り除くことが喫緊の課題です。

　世界基準と日本の分析方法の違いを分かりやすくするために比較表を下記に示します。

表1●日本の公定法と世界の公定法の比較

分析方法（定性/定量）	日本の公定法	世界の公定法	分析使用機器
定性分析	JIS A 1481-1	ISO22262-1	偏光顕微鏡、走査電子顕微鏡、透過電子顕微鏡
	JIS A 1481-2	（ISO 却下）	X線回折装置＋位相差顕微鏡
定量分析	JIS A 1481-3	ISO22262-3※	X線回折装置
	JIS A 1481-4	ISO22262-2	偏光顕微鏡、走査電子顕微鏡、透過電子顕微鏡

※ただし、定性分析はISO22262-1（JIS A 1481-1）で行うことを必須条件とする。つまり、JIS A 1481-2で行った定性分析結果をもとにISO22262-3の定量分析を行うことは認められていない。

表2●定性及び定量分析で使用する

公定法に使用する顕微鏡	分析方法	特徴①（定性）	特徴②（定量）
透過電子顕微鏡（TEM）	JIS A 1481-1 及び-4	電子回折パターンにより、クリソタイルの管状構造まで確認可能	オプションのEDX分析により元素組成比を求めて、アスベストの同定が可能
走査電子顕微鏡（SEM）	JIS A 1481-1 及び-4	形態観察のみではあるが、発がん性の高い0.25μm以下のごく細い繊維も観察可能	オプションのEDX分析により元素組成比を求めて、アスベストの同定が可能
偏光顕微鏡（PLM）	JIS A 1481-1 及び-4	迅速な分析結果が得られる	ポイントカウントを使って定量が出来る
位相差顕微鏡（PCM）	JIS A 1481-2	重量濃度で0.1%以下は検出できない	定量分析はできない

分析機器	特徴	適否
位相差顕微鏡（PCM）	無害な鉱物アスベストも有害なアスベスト繊維とみなしてしまう（分析結果が過剰となる）。夾雑物が多く見にくい。 （写真提供：ユーロフィン日本総研）	否
偏光顕微鏡（PLM）	アスベスト繊維を確認できる。夾雑物が少なく見やすい。 （写真提供：ユーロフィン日本総研）	適
X線回折装置（XRD）	アスベスト含有量を測定する目的で使用されるが、アスベスト繊維以外の鉱物アスベストもアスベストとして計測してしまう。（分析結果が過剰となる）。 （チャート提供：ユーロフィン日本総研）	否
走査電子顕微鏡（SEM）	1枚の顕微鏡スライドで定量分析までできる。 （写真及びチャート提供：ユーロフィン日本総研）	適
透過電子顕微鏡（TEM）	クリソタイル（蛇紋石系アスベスト）、角閃石系アスベスト、その他アスベスト繊維以外の判別が出来る。 （出典：資源循環・廃棄物研究センター 国立環境研究所）	適

JIS-2（位相差顕微鏡＋X線回折）及び-3（X線回折）測定法の重大欠陥

⑴外壁塗膜中のアスベスト

　JIS-2および-3では、塗膜試料全体を粉砕し分析を行う。よって層ごとの結果は出ない。外壁塗膜分析の試験結果は、濃度が薄まり低濃度となる（基準値未満と誤判定してしまうケースがある）。㊟外壁塗膜構造となっている。アスベストが入っている層とない層がある。

⑵アスベスト除去に使われた水・土壌中のアスベスト

　外壁アスベスト除去工事に使われた処理水に含まれる微細なアスベスト繊維はJIS-2（位相差顕微鏡）の方法では見つけられない。この方法で評価した場合、アスベストが含まれた処理水並びに土壌汚染を見逃してしまう可能性がある。

　このように、JIS-2および-3では、試料によって分析結果が過大評価も過小評価もされてしまうことが問題なのです。

焦点は建物解体！
アスベスト被害再発と危機回避　大石 一成

[第20回]

アスベスト関連法体系の整備が
喫緊の課題

　前号まで様々な問題点を解説してまいりましたが、今号ではそれらを踏まえてアスベスト関連法体系を整理してみました。そこで見えてきたことは法制度設計の不備です。現行法の検証とともに関連省庁のアスベスト関連法整備が必要不可欠になっていることを痛感致しました。

　アスベストは現在、製造も販売も禁止されていますので製造工程でのアスベスト曝露はありません。しかしアスベストの除去工事をしてない建築物や、これから解体工事する現場では、今も、そしてこれからもアスベストは曝露し続けます。

　アスベストが今どのような状態にあるかといえば、広く私たちの身の回りに存在しています。多くの建築物・設備等に使用され続けているのです。万人が利用する公共建築物、学校、病院、宿泊施設などでもアスベストの処理は遅々として進んでいません。国民の皆さんはご存じないかもしれませんが、一般家庭でもアスベストは未だに至る所で使用され続けています。懐疑的な方もおられることから具体的に事例を挙げて説明します。

　私の家は約三十数年前に大手住宅メーカーで建てました。アスベスト建材の使用が気になった時、メーカーに確認してみました。回答は、アスベスト建材は一切使われていませんとのことでしたので一安心した記憶があります。後日、改修工事の時に念のためアスベスト分析をしてみました。驚い

たことに改修の都度アスベストは見つかり、これは何だとショックを受けました。屋根のアスファルトルーフィング、床のクッションフロア、浴室の天井リシン吹付け、台所のケイカル板等々です。皆さんのよくご存じの大手住宅メーカーですので最初は何かの間違いかな？ と思いましたが間違いではありませんでした。住宅メーカーが嘘を言っている？ 会社組織が嘘の回答をマニュアル化している？ あるいは、営業所の責任者が嘘をついている？ いずれにせよこれが実態です。このようなことは一般的には分かりません。自分がアスベストに関連した仕事をしていたから分かり得た事実です。

　今後、アスベストが再び問題となることは、これら使用中のアスベスト含有製品が使用寿命を終えて廃棄処理される時です。言い換えれば、建築物に使用されているアスベストが建物の老朽化に伴い改築・解体される時に ①解体工事の作業者がアスベストを吸引してしまうこと、これには厚生労働省が未然防止のために労働安全衛生法などの法律、諸規則を定めています。また同時に解体現場から ②外に向かってアスベストが漏れ、大気を汚染しないように規制しているのが環境省の大気汚染防止法です。

　ここで、大きな疑問があります。本来建築物の管轄官庁は国土交通省ですが、国土交通省はアスベスト含有建築物に対してどのような対策を講じているのでしょうか？

　国土交通省のアスベスト関連法令を紐解

いてみますと、建築基準法の中に【国民の生命・財産並びに健康の保護を目的】として③【吹付けアスベスト等の建築物への使用禁止】並びに【増改築、大規模改修・模様替え】の際にアスベストの除去を義務付けています。

その他、建材の再資源化に関する法律（建設リサイクル法）に④再資源化する場合にはアスベストが混入しないようにすることを義務付けています。また、宅地建物取引業法で、⑤アスベストが使用された建物を取引する場合、重要事項説明として購入者に説明しなくてはならない、と規定されています。同様に、住宅の品質確保の促進に関する法律では、⑥アスベスト含有建材の有無等を個別性能に関わる表示事項と規定しています。

上記のようにアスベストに関わる国交省関連の法律は、あるにはあります。

しかし今後解体工事が疾病の最大発生源として懸念されているのに現行の建築基準法ではあまりにも不十分です。今後のアスベスト被害のほぼ全てが解体工事に起因すると言われ、その被害者数（死亡者数）は数十万人と予測されています。この実態を直視すれば建築基準法の改定、あるいはアスベスト解体工事を統括する新法【アスベスト含有建築物の解体・処理に関する法律】の整備は喫緊の課題であり、避けて通ることはできないと考えます。国全体としてのアスベスト対策ですが、総務省は2016年5月に各省庁、自治体、独立行政法人などを対象にアスベストの実態を調査した結果を公表および是正の【勧告】【アスベスト対策に関する行政評価・監視 ── 飛散・ばく露防止対策を中心として ──〈結果に基づく勧告〉】をしております。

これを見ると明らかにアスベスト行政が機能不全を起こしているのが分かります。やはり現行法の改正あるいはアスベスト対策法なるものを制度設計しなおさなければならない時期にきていると痛感します。

現行の法律でも、現状にそぐわない課題

が明らかになっています。

アスベスト測定分析機関の登録制度の整備、間違った測定法に固執しガラパゴス化で国際的に孤立しています。国際標準化は緊急の課題です。

【新たに法整備が必要な事項】

『大気汚染防止法』

アスベスト分析機関の信頼性確保

分析機関の現状（小学生でも、知識・経験がなくても、誰でも分析結果を出すことができる、いわゆる無法状態）では、分析証明書は【信用も権威も全くない】。多くの人の命に係る分析証明がこのようなでたらめで運用されることが許される訳はない。「関係者は広く国民にこのことを知らしめてください」

※ ｛分析機関の登録制｝が必要
・分析者の能力担保
実技試験結果（二年に一度）により能力認定（能力がなくなれば認定から外す）。
・分析会社の能力担保
会社全体の試験保証能力の評価と更新審査の導入、ISO17025を引用すれば国の財源の心配はいらない。

『建築基準法』

※ ｛アスベスト除去会社の資格登録制｝が必要
アスベスト除去を行う会社の資格登録制度の創設（更新審査制度を盛り込む）、悪質な違反者には｛懲罰的課徴金制度｝が有効。

焦点は建物解体！
アスベスト被害再発と危機回避　大石 一成

［第21回］
アスベストに関わる制度設計の抜本的変更の必要性

　前号では、アスベスト関連の法体系について記述しましたが、今号でも引き続きアスベスト関連法の新設、あるいは改正のあるべき姿を探りたいと思います。

　アスベストに関わる動向は、ここ1年で確実に変わってきています。今までは危険性を訴えても無関心であった方々も変わってきました。

　特に顕著なのが行政当局です。当然のことながら環境省、厚労省の担当は危機意識を持っていましたが、他の部署ではアスベストは過ぎ去った過去の災害としか認識されませんでした。規制当局の内部でさえこのような有り様ですから、他の省庁、地方自治体では推して然りでした。総務省行政評価局の勧告も効果があったと思います。また、関心がなかった全国紙もアスベスト問題は終わっていない、これからが本番であることを伝え始めています。

　最近一番嬉しいのは、現場レベルでリスクが認識され始めていることです。今後のアスベスト被害を少なくするためには、現場の人たちが認識を持ち、注意して行動することが何よりも肝要です。

　今、環境省ではアスベスト関連法の見直しが進められていると聞き及んでおります。以前から主張してきた関連法の改正等により、実効性のある法律に改定していただくことを願っています。

　法改正に向けて、前回の改正で取り残された課題をもう一度確かめてみましょう。

アスベスト調査・分析結果の信頼性の問題

ⅰ.事前調査、サンプリングの課題

　過去には、高額なアスベスト処理を避けるために、ずさんな事前調査、サンプリングが横行し、アスベストが無かったことにしてしまう事例も多く見受けられました。また調査・サンプリング技術者の技能不足による誤認問題も多発しました、このことは今も大きな課題となっています。

　事前調査・サンプリング熟練技術者の養成は喫緊の課題です、分析技術者の養成と合わせ、専門教育機関（学校）の設立が必須となってくることでしょう。

ⅱ.分析の課題

　分析会社を経営していた立場からすると、内部告発のようになってしまい甚だ肩身の狭い思いですが、課題が2つあります。

　その一つは、過去にも問題提起してきた分析方法の混乱です。日本のガラパゴス分析方法は、とにかく早く止めるべきです。

　もう一つは熟練した分析技術者の確保です。ほとんどの分析会社では、経験の浅い技術者に分析をさせているために誤判定などのトラブルが発生しています。分析結果の信頼性の問題は、訴訟リスクとして分析会社の経営上も大きな課題となります。分析会社経営上アスベストは今までの分析と違い、経営上のリスクが特段に高いと理解

していただきたいのです。

　それぞれの課題の解決策として、以下の2点を改正法に盛り込んでもらいたいです。
①【事前調査・サンプリング会社の資格認可制】
②【分析会社の資格認可制】

　事前調査・サンプリングと分析は別々にすべきです。事の性格上、分析会社が全てのサンプリングに対応できるわけでもなく、全てのサンプリング会社が回収不能な設備投資をする必要性もありません（計量法では回収不能な設備も証明書発行上揃えなくてはなりません。このため過当競争と設備投資倒れとなり環境計量証明業界の衰退を招いてしまいました）。

　資格認可に必須事項として、免許の登録・更新審査等はISO17025を引用すれば役所の負担はかからない。

アスベスト建築物の完成検査の問題

　国土交通省では、建築基準法に建築物の定期検査を義務付けています。その一環として、アスベストも定期検査で確認しなければならないこととしていますが、現実は十分な検査ができていません。

　定期検査の内容を変更して、アスベストが確認された部屋以外にも各フロアごとに空気環境のモニタリングを義務付けることにより監視ができます。監視されていれば手抜き工事の抑止力として、また事前調査の見落としを担保できます。

　環境省が視野に入れて検討しているアスベスト建築物の完了検査は、ずさんな工事の抑止力として有効です。またモニタリング義務化は上記したように違法工事の予防策として効果が期待できます。

アスベスト処理会社の
ずさん処理の問題

　これからのアスベスト問題の核心は、現在使用されている建築物等の解体・改修です。多くの罹患者を生むであろう原因はこの解体・改修作業中に発生します。

　言い換えれば、アスベストが含まれた建築物の除去の仕方により被害を最小化できるということです。その解体・改修作業が"ずさんに"除去されていることは周知の事実です。

　疑問に思うのは、作業に携わる除去会社とその作業員です。なぜ自分たちが死に至る疾患のリスクがあるのに"ずさんな"作業をするのでしょうか？ また除去会社の経営者も従業員が発症、死亡したときの訴訟リスクが会社の存亡を左右することを考えないのでしょうか？（「そんなこと言ってたら仕事にありつけられねーよ」と言われてしまいましたが!）

　除去業界の現状をリサーチすると、アスベスト除去の知識も経験も無い業者が異常な低価格で参入するケースが多発しています。それらの業者が低価格で受注できるのは、アスベストの知見を無視し予防措置を取らないことで競争力を得ているのが現実です。アスベスト除去業界で遵法措置を講じている方々に聞くと、「公共工事の入札では法律を守っているところは絶対に落札できない。もう公共事業は諦めている。技術力、コンプライアンスを評価してくれる民間の仕事に切り替えている」と話していました。

　これは大きな問題です。（正直者が排除される）入札制度の弊害が顕著に表れています。

　このまま放置したなら、第二のアスベスト災害は防げません、抜本的な法律の制度設計が今こそ求められています。

　まだまだ、社会全体がアスベスト問題に無関心、他人事として傍観しているのではないでしょうか。政府が公表しているアスベストに起因する疾患は、今後数十万人の命を奪うことを認めています。

2018年1月号より

焦点は建物解体！
アスベスト被害再発と危機回避　大石 一成

［第22回］
アスベスト関連法整備に関わる
制度設計の課題

　前号でも述べましたが、引き続きアスベスト疾患予防に向けて法整備の必要性を訴えてまいります。

　アスベスト禍の再来を阻止するためには、現在の国民意識、関係者の認識を理解したうえで制度設計がなされるべきと考えます。本号ではアスベストに関するそれぞれの意識を取り上げ問題提起といたします。また、アスベスト処理現場で働いている方々からのリクエストが多くありましたので、5月号では「現場での矛盾点、所有者からの質問」にどのように回答したら良いか？ などについても取り上げたいと思います。

アスベストに関わる状況整理

(1)国民の意識

　国民の多くはアスベスト災害が過去の出来事として認識されています。自分はアスベストによる病気にかかることはないと思っています。そもそもアスベスト疾患は他人事なのです。政府がアスベストに起因する病気で死亡する人たちは、今後30万人に達すると公表しても「へーそうなんだー」「自分は関係ないから」としか感じていないのが現実です。この楽天的「極楽とんぼ」な感覚には正直ついていけない思いもありますが、放置する訳にもまいりません。関係者は、アスベストに対して関心が薄い、言い換えれば「自分には関係ない」と思っている人たちがそれだけ多いのも現実として受け入れな

ければいけないのでしょう。

(2)行政の意識

　私がアスベスト行政で最も心配な点は、行政指導する立場の行政官が知識不足なため有効な行政指導が出来ないことにあります。なかでも直接的に市民と接する地方自治体の職員は、日々知識を身に着ける努力を継続しないと有効的なアスベスト対策がとれません。アスベスト疾患の予防という意味でも最前線の現場です。しかしながら、地方自治体の規制当局、並びに規制を受ける事業当局の職員は知識を得るための機会が限られていることも事実です。そして勉強会への参加費用も予算不足な状態です。

　もう一つ、公務員が専門的知識を得るための時間を与えられないこともあります。過去に官僚の不祥事などが相次ぎ「官民の癒着」が問題となり、同じ職場に長く在籍できないようにしたためです。2〜3年で配置換えを行いますので知識が蓄積された頃には移動となります、当然のことながら、本人も真剣に知識を吸収することの意義に疑問を持ってしまいます。県、国は最前線の現場をサポートする立場にありますが、現場を指導できる情報が不足しているために的確な指示が出せない状況にあります。

　また、行政官の意識にも大いに問題があります。総務省行政評価局勧告にもありますが、自治体施設の調査をしなかった理由として報告には【予算が無いからやれない】

という回答がありましたが言語道断です。このようなことで民間の指導ができる訳がありません。

(3)所有者の意識

建物の所有者にとって、アスベストの除去に必要な資金は本来想定外のものでした。所有者の中には避けて通りたいと思う人がいても不思議ではありません。過去には建築基準法、消防法などにより建築確認申請でアスベストは強制的に使用が義務付けられていたのですからその点は理解できない訳ではありません。しかし、今後のアスベスト禍を防ぐには建物所有者の協力が不可欠なことを理解していただく必要があります。

また、完全に実施されていない資産除去債務の計上などは、今後の重要な課題となります。このようなことを言うと、資産除去債務はしっかりとやっているとお叱りを受けますが、実態を知る者としてあえて申し上げます。資産除去債務に関わる事前調査は形式だけ「終わっている」こととしています。その一例として、本誌でも以前記述しましたが、以前と現在では①規制基準が5%から1%そして0.1%に強化されていて過去の分析判定は使えない、②アスベストの規制鉱物が3物質から6物質に対象拡大されている、③これが一番問題なのですが、アスベストのレベル1の調査が終われば全てが終わっていると誤解してしまうことです。アスベストは、その危険性よりレベル1、レベル2、レベル3と3分類に分けられています。レベル1の調査が終わってもレベル2とレベル3の調査は未実施です。このように以前行った事前調査は、知見の乏しい中で行われ、様々な問題を含んでいました。これらのことから株主代表訴訟などへの対応は不完全極まりないものです。アスベストの処置は所有者の責務であることがこの頃やっと理解されるようになってきましたが、不十分です。

(4)処理業界の意識

アスベスト建物の解体、処理に従事する人たちは、健康被害にあうリスクが最も多い訳ですが、アスベストの危険性、防護の必要性などの教育は不十分です。様々な利害関係により、しわ寄せを受けるところでもあります。

作業従事者の罹患リスクの低減は業界の喫緊の課題であり、アスベスト問題の核心でもあります。防護のためには、費用の担保が必要なことは言うまでもありません。処理業界として教育費、防護費の予算確保を発注者に迫るべきですし、国としてもサポートすべきです。アスベスト除去工事発注時には、発注仕様書が出されますが、この仕様書に防護費用の明細、現場教育訓練費用の計上を求め、契約時にも確認することを要請するなど業界努力が必要です。アスベスト禍を再び引き起こさないようにするには「ここが」一番のポイントです。防護費用、教育訓練費用が現場に投下されなければ、再び悲惨な結果をもたらします。

(5)報道機関の意識

アスベストは安全か？ 過去の出来事でなく、これからのことを広く国民に知らしむべき責務が報道機関にあります。交通事故を少なくする努力は、国を挙げてなされています。しかるにアスベストはほとんど関心を持っていただけません。報道機関の皆さん、アスベストの実態をご存知ですか？ 交通事故で亡くなる人よりも遥かに多いことを！ 今後アスベスト疾患で亡くなる人の総数は30万人とも言われています。このまま放置してよいのですか？ 是非とも地道な継続性のある報道をお願いします。私としても報道機関の皆さんに情報提供を惜しみません。ご連絡、お問合せをお待ち申し上げます。

2018年3月号より

焦点は建物解体！
アスベスト被害再発と危機回避　大石 一成

［第23回］
仕上塗材に対する通達が招く混乱

アスベスト処理に関わる【建築用塗材問題】について昨年、以下の通達が出されておりますが、未だに除去等現場では混乱が生じている様子です。

今号では、この混乱の原因となっている石綿含有建築用仕上塗材分析について解説したいと思います。

皆さんご存知かと思われますが、2017年5月末に環境省と厚労省から、「石綿含有建築用仕上塗材の除去等作業における大気汚染防止法令上の取扱い等について」（基安化発0531第1号平成29年5月31日 厚生労働省労働基準局安全衛生部化学物質対策課長）および、「石綿含有仕上塗材の除去等作業における石綿飛散防止対策について」（環水大大発第1705301号平成29年5月30日 環境省水・大気環境局大気環境課長）の通達が出されています。

石綿含有建築用仕上塗材について、建築物等に吹付け工法で施工されたものは、使用目的その他の条件を問わず、「石綿障害予防規則」（平成17年厚生労働省令第21号。以下「石綿則」という。）の『吹き付けられた石綿等』に該当する。つまり、吹付施工であると明らかな場合は、吹き付けられた石綿を（レベル1）として取り扱うように指導していました。

このような通達が発令された事由は、現場を抱える末端行政において、建築用仕上塗材であるリシン吹付材や吹付タイル等の解釈を『行政現場によって』"吹付け"である

からレベル1とする行政指導、あるいはレベル3とする行政指導など、行政（自治体）によってばらつきがありました。レベル3と解釈すれば、行政届け出も不要で、隔離養生されないまま除去工事が実施されます。グラインダーで粉じんを巻き上げながら工事をするわけですから、斫り作業等で発生した石綿を含んだ粉じんは、作業員および周辺住民に曝露してしまうことになると問題になりました。

これではいけないと環境省および厚労省が建築用仕上塗材をレベル1として扱いなさいと通達を出したということです。

しかしながら、厚労省から今年（2018年）1月末に追加の通達（「石綿含有建築用仕上塗材の石綿則等の適用について」基安化発0129第1号平成30年1月29日厚生労働省労働基準局安全衛生部化学物質対策課長）が発令され、下地調整材は原則として吹付施工ではないという解釈をすることになりました（『レベル3』）。また設計図書から吹付施工とされた蓋然性が高いと読み取れる場合は吹付施工『レベル1』として取り扱うこととなりました。よって、混乱を収拾するためには、現場においては今一度設計図書の確認が必要であるとしています。ただし、設計図書で不明な場合は吹付施工『レベル1』として扱いなさいとも指示を出しておりますので、再度各通達の読み込みが求められているところです。

また、厚労省では施工当時の工法が重要

なのではなく、除去時の発散の程度に応じた曝露防止措置を講じることの重要性を指示したわけです。

アスベストの事前調査、あるいは除去等工事を行う現場では、これら省庁の通達を整理して理解するには、あまりにも但し書きが多すぎて混乱しているのが現状です。

分析会社のクオリティーの課題も顕在化しています。それぞれの現場では困った時に相談するところは分析会社が多いのですが、【建築用仕上塗材】の分析と判断を、分析会社の営業の方に相談しても的確な回答が返ってこないとの苦情は以前から指摘されていました。分析会社が自身の営業に目的をもって十分な情報と教育機会を与えないと「取次営業」に陥ってしまいます。アスベスト除去等の現場の混乱に対処出来る営業には①法律の解釈、②通達の理解、③分析技術の知見が必要不可欠です。はたしてどれだけの分析会社の営業がこの要件を満たしているのでしょうか?悲しいかな、ほとんどの会社が要件を満たしていないのが現状です。分析会社がアスベスト営業を教育できていない証左でもあります。

ひとつの事例として、ある分析会社の営業マン (?) の話を紹介します。

『アスベスト除去工事現場でパニックが起きているのをしばしば見かけます。除去会社さんから、分析依頼した会社に相談しても明確な回答を頂けないことが多く、分析結果をみて、どうしたらいいのかと電話がかかってきます。私のところでは、JIS A 1481-1の偏光顕微鏡法で層別に分析ができるため、どの層で石綿が検出したかを確認

●2017.5.31通達や2017.3改訂マニュアルの概要

	建築用仕上塗材		2017.5.31通達（2017.3改訂マニュアルも同趣旨）
	吹き付けで施工されたもの	ローラー塗り、こて塗り等で施工されたもの	
石綿則の適用区分	「吹き付けられた石綿等」	その他	建築物等に吹付工法により施工されたものは、使用目的その他の条件を問わず、石綿障害予防規則の「吹き付けられた石綿等」に該当するが
届出	必要	不要	
隔離	（↓これが通達／マニュアルのポイント）除去時の発散の程度等によっては必要		石綿含有建築用仕上塗材の除去等を行う際には、「吹き付けられた石綿等」か否かにかかわらず、石綿飛散漏洩防止対策徹底マニュアルにも留意しつつ、除去時等の石綿発散の程度等に応じた適切なばく露防止対策を講じるよう指導すること
その他（作業主任者、防じんマスクほか各種措置）	必要		

出典:日本建築仕上材工業会「解体・改修工事における石綿含有仕上塗材の処理について」 厚生労働省講演資料『厚生労働省における石綿ばく露防止の取り組み』（2017年10月）

することができます。その結果をもとに、施工業者さんで石綿の含有部分を建築用仕上塗材なのか下地調整材なのか判断していただいております』

分析会社が分析方法をJIS A 1481-2で行った場合、層別の分析ができません。その結果としてアスベストが検出されたとき、建築用仕上塗材から検出されたのか、下地調整材から検出されたのか分かりません。通達では "設計図書で不明な場合は吹付施工『レベル1』として扱う" ように指導しています。施工業者さんにとっては分析方法が違うだけで、レベル1扱いなのかレベル3扱いなのか混乱してしまいます。JIS A 1481-1での分析方法を推奨しているのはこの混乱を避けるためでもあります。もちろん、透過型電子顕微鏡を使えば全ての問題は解決しますので、分析の公定法を改定するように主張しているわけです。

2018年5月号より

49

焦点は建物解体！ アスベスト被害再発と危機回避　大石 一成

[第24回]

アスベスト関連法の改正について

　本号では、現在進められているアスベストに関わる関連法の改正について記述いたします。

　アスベスト関連法（環境省・大気汚染防止法）の前回改正は4年前の2014年6月1日でした。前回の大気汚染防止法改正では「見直し条項」が付けられています、そろそろ実情に合わせた法律の見直しをしなくてはならない時期となっております。

　また、前回の大気汚染防止法改正にもかかわらず、遅々として進まないアスベスト対策に批判の声が高まっていることも事実です。国はアスベスト訴訟で敗訴の連続ですし、この原稿を書いている今現在も都内のアスベスト工場跡地周辺の住民4人が中皮腫で亡くなられたと報道されています。アスベスト対策は先進各国と比較しても対応の遅れは明白です。

　ここにきて各省庁がアスベスト対策に本腰を入れざるを得ない真の理由は、以下のものです。総務省が公表した【アスベスト対策に関する行政評価・監視の勧告（2016年5月13日）】に起因しています。また、この勧告に対する【その後の改善措置状況（2018年2月9日）】も先日公表されており、引用表記いたします。（図）

　なお、この文書の中で、総務省行政評価局の勧告先として「環境省、厚生労働省、国土交通省、総務省等」となっておりますが、当然のことながら、これら各省のみならず地方自治体、関係団体にも及ぶものです。

　何故このような当たり前なことをクドクド述べるかと言いますと、地方自治体、関係団体の中には「俺たちは関係ない」などと開き直る輩も過去に散見したからです。

　私は、本誌でも度々この勧告の重要性を訴えてきましたが、現場の対応は非常に醜いものがありました。総務省勧告の報告内容を見ていただけると分かりますが、地方自治体の回答の中には調査をしなかった理由として【予算がないからやらない、総務省がやれと言わなかったからやらなかった】などと回答しているものもあります。予算要求をしてなくて予算がないとは言語道断です。では、このような回答をした自治体に聞きますが、市民はお金がないから納税しないで通りますか？　総務省がやれと言わなかったからやらなかったとは、ものの言い方にも限度があります。それぞれから通達は出ていることを知らないのか、子どものお使いではあるまいに！

　総務省行政評価局は、よくぞ公表してくれました。法律を率先して守る立場にある行政が法律を軽んじる風潮を戒めなければこの国に将来はありません。

　このような事案を背景に環境省では、アスベストに関わる【大気汚染防止法の改正】を進めています。当初は1年ぐらいで成案を準備できるのではと目論んでいたようですが、難しい課題も浮上してきましたので2年ぐらいを目途にしているようです。

　今回の法改正の目玉は、なんと言っても

図●「アスベスト対策に関する行政評価・監視 −飛散・ばく露防止対策を中心として−」の勧告に対するその後の改善措置状況

1. 建築物の解体時等のアスベスト飛散・ばく露防止対策

主な勧告（調査結果）		主な改善措置状況
事前調査が不十分な事案について情報収集の仕組みを整備し適時に注意喚起を行うなど、調査の適正な実施を確保 事業者は、建築物の解体時等にアスベスト含有建材の有無を目視、設計図書等により調査し、使用されている場合、県市及び労働基準監督署に届出を行い、飛散・ばく露防止措置を講ずることとされているが、 ・ **飛散・ばく露防止措置を講じず解体等工事を実施（52件のうち29件）** ・ **無届出により解体等工事に着手（52件のうち41件）** （調査対象16都道府県内における2010年4月から2015年7月までの解体等工事から、使用されているアスベスト含有建材が、事業者の調査で十分に把握されていなかった52事例を分析）	▶	■ 事業者を対象とした講習会を複数回開催し、技術上の指針等に基づく事前調査の留意事項を周知徹底 ■ 石綿含有建築物等の解体等工事における不適切な事例等に関する情報を収集・整理・分析し、県市等に提供するとともに、事業者に対する指導を要請（環境省、厚生労働省）
大気汚染防止法の規制対象外のアスベスト含有成形板について、処理実態を把握し、法律上の取扱いを含め所要の措置 建築物の屋根や外壁に使用されているスレート波板などの成形板は、アスベストを含有している場合でも、セメント等と混合して固められ、飛散性が低いため、大気中への有害物質の飛散防止を目的とする大気汚染防止法の規制対象外。しかし、破砕や切断した場合は飛散するおそれがあるが、 ・ **条例で独自にアスベスト含有成形板を規制している県市の状況をみると、事業者による調査が不十分なことや建材の湿潤化不足により、飛散・ばく露のおそれあり**	▶	■ 解体等工事におけるアスベスト含有成形板等の取扱いの実態や飛散防止措置の実施状況を引き続き調査 ■ アスベスト含有成形板等の取扱いについて、2019年度までに大気汚染防止法における在り方を含め対策の検討を行い、所要の措置を実施予定（環境省）
立入検査結果の指摘に対する改善措置状況の確認の徹底 県市及び労働基準監督署は、建築物解体時に立ち入り、アスベストの飛散・ばく露防止措置が講じられていない場合、必要な指導を行っているが、 ・ **県市では、指導件数の約2割（250件のうち55件）について改善状況を未確認** ・ **未確認事例のうち、飛散防止シートによる覆い（養生）の不備など飛散・ばく露防止のための重要なものが約半数（55件のうち23件）** （調査対象39県市におけ2014年6月から2015年3月までの立入検査を抽出調査）	▶	■ 県市に対して、立入検査における改善指導事項に対する改善措置状況の速やかな確認の徹底を再度要請（環境省） ■ 2016年度に労働基準監督署の立入検査においてなされた是正指導115件について、是正期日を設定し、報告のないものは督促（厚生労働省）

2. 災害時のアスベスト飛散・ばく露防止対策

災害時に備えた準備について、その必要性を含め、具体的内容の周知徹底、対策の強化の実施 地震等災害時には人命保護・食糧支援等が最優先である一方、建築物の倒壊・破損に伴い、アスベストの飛散・ばく露のおそれがあるため、できるだけ早急に応急・対応措置を図る必要がある。このため、環境省は、阪神・淡路大震災を踏まえ災害時対応マニュアルを策定・通知しているが、 ・ **環境省の災害時対応マニュアルの不知やこれまで大規模災害が未発生などの理由から、災害時に備えた準備としてアスベスト露出情報の受付・伝達体制の整備等を行っている県市は一部（39県市のうち6県市）**	▶	■ 建築物等の被災により露出したアスベストの把握方法を、住民からの情報提供等により把握する方法から都道府県等が専門家の協力を得て確認調査を行う方法に変更するなど、災害時対応マニュアルを改訂し、2017年9月に公表するとともに、その周知のため、都道府県等や一般向けの説明会等を実施（環境省）

（出典：総務省）

レベル3を規制の対象とすることでしょう。

　使用されている建材のレベル1、レベル2、レベル3の割合は、約95%がレベル3です。このようにレベル3は圧倒的に量が多く、かつ規制の対象から外れていたわけです。代表的なものは工場などの外壁、屋根に使われているスレート材です。これらレベル3建材の解体処理は、規制対象外として野放しにされている状態です。

　今現在、大気汚染防止法の改正案が示されたわけではありませんが、環境省はレベル3のアスベスト含有成形板等の規制を2019年度までに大気汚染防止法に盛り込む予定です。

　次号では、前回のアスベスト関連法の改正（大気汚染防止法）で課題となりながら法律に盛り込むことができなかった条項を整理してみたいと思います。

2018年7月号より

焦点は建物解体！
アスベスト被害再発と危機回避　大石 一成

[第25回]
アスベスト処理の未解決課題（1）

　前号までは、アスベスト関連の法律改正について述べさせていただきましたが、今号では、アスベスト解体現場の実態と法律との乖離、矛盾を報告させていただきます。
※アスベスト除去に携わる解体現場の声
※不動産業界の現実
※建築物所有者の実態
　上記3点について記述したいと思います。

i）アスベスト除去に携わる解体現場の声

　アスベストを含む建築物を解体するときは、関連する法律、対象物が所在する自治体の条令などにより適正に解体処理、処分をしなくてはなりません。しかし、これは建前であって、現実には法律通りに解体処理できない場合もあります。現場の方々の話を聞くと、レベル2、レベル3の解体現場では隣の建物との隙間が極端に狭く、作業員も機械も入ることができない現場があるとのことです。建物を解体除去する場合でも、壁と壁の間に保護シートを設置し、十分なばく露防止措置ができにくい事例も存在するのが実情です。建物を壊さずアスベスト含有外壁材の撤去など、外壁材の改修工事でも人が入れないところとか、コンクリート外壁塗膜の剥離除去作業では、作業員が入れる隙間がない場合は、なおさら困難と言うか不可能であるとのことでした。このような現場では、現実問題として法律、条令を守り、どのように除去すればよいのか？ 喫緊の課題として浮上しています。今回の大気汚染

防止法の改正では、これらのことに現実的な打開策を明示すべきですし、その義務もあると思います。これは処理（除去）側の立場で申したわけですが、では行政側からの視点はどのようになるのでしょうか？ 大気汚染防止法という法律の趣旨から言いますと、作業現場から有害物であるアスベストが大気に漏れ出す（飛散）ことを少しでも容認することはできません。現実的なばく露防止方法がなくてもです。法律に例外規定を設ければ、アリの一穴で、たちまちその法律は有名無実となってしまうことを理解していただきたいと思います。では、どのような解決方法があるのでしょうか？ 私に具体的な提案があるわけではないのですが、法律の改正案作りの時に除去工事に携わる側と行政側に加え、ロボットのような革新技術での処理に知見のある方々の協力を得て、作業部会での検討も一考の余地がある思います。

ii）不動産業界の現実

　前回の大気汚染防止法改正作業の公聴会で、大手不動産会社の方が次のように発言されました。
　『不動産業界では、アスベスト処理にかかる費用は当然掛けて然るべきと考えている。不動産を利用していただく使用者も安全な居住環境を確保する観点からアスベストを除去して安全安心な建物を希望されるのは理にかなっている。国民、建物利用者の健康のためであれば、不動産業界としても価

ウォータージェットによるアスベスト塗膜剥離の状況（写真提供：㈱アイ・エヌ・ジー 木村実牙男社長）

格転嫁はできるものと考えている。』

　私もその時、公聴会に参加していましたので、その発言を聞いて安堵した記憶があります。しかし現在、もう一度よく考えてみますと、これは大都市圏の話で、地方都市ではどうなのでしょうか？ 首都圏など大都市圏の不動産と地方の不動産では資産価値が格段に違うために、アスベスト除去などに費やすことのできる原資は限界があるのではないでしょうか？ アスベストの除去費用が賃貸料金に反映（転嫁）できない不動産では、除去が進まず先送りされ、放置状態にならないか心配の種になっています。

ⅲ）建築物所有者の実態

　不動産会社以外の建物所有者について、私の友人など個人所有者に聞いてみましたが、アスベストに関してあまり関心がなく、実情を説明しても費用が掛かることは敬遠されます。

　地方都市では入居率の良い物件でもアスベスト対策で家賃を上げると競争に負けるのではないか心配しています。アスベスト対策工事が主目的では価格転嫁できない、無理があることを意味しているのではないでしょうか？

不動産所有者のコスト負担

　現実問題として、今後不動産需要はどうなるのでしょうか？ オリンピック後に需要は減少するのでしょうか？ 先日、生まれ故郷に里帰りしてショックを受けたのは、廃屋が多くなってきたことと、生徒の数が極端に少なくなったことでした。人口減少により不動産の需給バランスに当然影響がでるのではないか、その時の不動産所有者の心理は、アスベスト対策に本腰を入れるでしょうか？ 考えてもみませんでしたが、故郷の廃屋の増加を目の当たりにして、将来の姿として地方都市の放置された廃ビルがよぎりました。

　不動産所有者のコスト負担能力は、不動産として将来に渡り需要があり、なおかつ適正な賃貸料金が見込めることが必要最低条件です。

　このような要因を考えると、日本のアスベスト対策は、あまり時間的猶予が無いのではないかと考えさせられます。この問題では、日本は一度負のスパイラルに陥れば二度とチャンスは無いのかもしれません。アスベスト対策に資金を掛けることが可能な今、一気に進めなければ、今後に先送りしたらやれることもできなくなり、危険な建物が放置されます。このことも、行政だけでなく関係者が広く討議して問題解決に尽力される義務があると思います。

2018年9月号より

焦点は建物解体！
アスベスト被害再発と危機回避　大石 一成

［第26回］
アスベスト処理の未解決課題（2）

　前号に続き、アスベスト処理の未解決課題について記述いたします。

　アスベストの適正処理を考えるとき、事前調査・分析、除去工事、最終処分の中でコストが最も高いのは除去工事です。費用に限度がある以上、そのことを無視して制度設計しても守られません。今後、効果の上がる現実的な施策・制度設計の上で最も注意を払う必要があるのは、アスベスト除去工事であると思います。事前調査もアスベストを見過ごさないように細心の注意を払うことは言うまでもありませんが、事前調査自体がアスベスト被害の根本原因になることはあり得ませんし、費用も処理に比べれば微々たるものです。

　また、アスベストの最終処分、いわゆる処分場の問題も除去工事に比べれば暴露リスクは少ないことも事実ですし、処分費用も除去工事に比べれば問題視するほどのものではありません。よって、最大のリスクであるアスベストを含む建材の除去工事のところをしっかりと押さえないと違法処理がはびこってしまいます。

　前号でも述べましたが、大都市圏のようにコストに見合った賃貸料が見込めるところは経済的にアスベスト処理コストを吸収できますが、経済的に処理コストを掛けられないところでは話が違います。中小の地方都市ではどのような実情でしょうか？

　前号と重複しますが、生まれ故郷に帰った時のことです。人口減少で手入れのできなくなった田畑や山林、住む人がいなくなった廃屋があちらこちらに散見されました。杞憂する現実は、これが山間部だけの現象ではなく、地方の市街地でも起き始めていることです。愛着のある故郷も、雇用の場がなくなれば生きていけません。若い人は雇用の場を求めて移動せざるを得ません。

　今後の人口減少を考える時、小都市の存続は難しくなることもあり得ます。このことは地方都市の建築物の需給に直接影響を与えますし、また投資する資源にも影響を与えます。これから建物所有者の中にはコストを掛けることのできない人も出てきます。さらに、費用対効果の面からもお金の掛かるアスベスト含有建築物が放置されたり、改築の際にアスベストの適正処理を怠ったりすることが危惧されます。

　アスベスト処理にかかるトータルコストは大まかに分けると、①目視等の事前調査②現地サンプリングを含むアスベストの分析③アスベスト除去工事④アスベスト含有建材等の処分です。この中で、特に制度担保が不十分な点は、③の除去工事にかかる費用問題です。①および②は自治体によって違いがありますが、調査および分析に掛かる費用の補助金制度があります（補助を受けるには公的資格の石綿含有建材調査者が行なった調査であることが補助条件です）。④のアスベスト含有建材の処分は、現在民営の処分場に委ねられています。新たな処分場の建設が環境問題などで難しくなっていますが、処分場でのアスベスト受入金額は、その他の廃棄物よりも2倍程度高いので、ア

スベスト含有建材の受入れはどこも「ウエルカム」なようです。アスベスト含有建材の処分場受入れについては、こうしたことから当面は大きな課題となることは考えられません。このような現状から、今後のアスベスト処理において、最も重点的に制度設計を見直す必要性のあるところは除去工事と言えます。

以下、【アスベスト除去工事】について私の考えを記述させていただきます。

先にも述べたように、建築物の持ち主の問題でもありますが、今後の社会的事情により違法行為と知りながらもアスベスト除去工事をしなかったり、費用を抑えるためにずさんな工事をしたりするリスクがあります。違法行為を事前に予防するためには、今後の制度設計において十分に考慮することが求められます。私案ですが、以下の事項を提案します。

【アスベスト処理に関わる補助制度の創設】

アスベスト除去工事に関わる補助制度は、処理費用を調達できない家主が適正な処理をするために設計される制度です。これによりアスベストの不法処理を防ぐことができ、今後のアスベスト対策の重要な施策となります。

【基金の創設】

前項の補助制度などを運営する上で資金面を担保するために設けられる基金です。基金の創設には懐疑的な見方もありますが、不動産需要の動向により経済的な事由で違法行為をさせないためには基金の創設が必要不可欠と考えます。

【基金の構成】

基金の構成は、国民の税金だけでとすることは認められません。受益者負担の原則から言えば直接の当事者である不動産業界、原因物の製造業界などの協力は避けて通れないものです。官民拠出による運営が現実的であると思います。また、今後の議論の中で拠出の是非ではなく、不法処理の根絶と言う論点で進めていただきたいです。

その他として、次の制度の創設を提案いたします。

【アスベスト処理業の資格制度の創設】

アスベスト処理の先進国では、当然のこととして非常に厳しい処理業の免許・資格制度が整備されています。最初の登録審査だけでなく、数年ごとの再審査なり維持審査制度となっており、違反した者は登録抹消、再審査の厳格化などで対処しています。また、違反した時の罰金も非常に高額で廃業のリスクを冒してまでして違法行為をする者はいないということです。

東日本大震災後のアスベスト建築物処理における現実として、アスベスト処理の未経験な業者が法律を守ればできないような金額で軒並み落札して、経験のある真面目な業者は排除されてしまったことを大変危惧しています。これは制度担保が間に合わない状況で起こった出来事です。今年は全国的な豪雨災害、台風災害、北海道の地震災害と立て続けに災害が発生しています。日本は災害大国ですから、早く災害時でも対応できるアスベスト処理業の資格制度創設は避けて通れないものとなっています。

【アスベスト処理に従事する個人資格制度の創設】

アスベスト処理業の資格制度の創設と共に整備しなくてはならない事柄は、アスベスト処理に従事する作業員の教育訓練と必須能力の資格制度です。これはずさんな処理工事をした時の結果として、自身の発症に繋がることを作業員に認識させることにもなり、アスベスト疾病予防の観点からも最重要事項です。

2018年11月号より

焦点は建物解体！
アスベスト被害再発と危機回避　大石 一成

［第27回］
アスベスト関連法の改正課題について

　現在、進められているアスベスト規制に関わる関連法並びに諸制度については、大方の方向性が固まり、詰めの作業が進められているところです。ただし、問題点も浮き彫りになっています。

　今号では、その問題点と盛り込まれなかった課題を取り上げてみたいと思います。課題を要約すると、調査・分析関連については以下の4項目になります。

(1) アスベスト調査の課題
(2) アスベスト分析手法の課題
(3) 分析機関資格の課題
(4) 訴訟リスク（欧米の事例について）

(1) アスベスト調査の課題

　アスベストの調査とは、建築物に含まれているアスベストを見つけ出し、安全に処理するために設けられた制度です。事前調査とも言われています、前回の大気汚染防止法（2014年（平成26年））の改正で法律に明記された条項ですが、その目的と制定の背景を今一度おさらいしてみましょう。今ではアスベストが危険な事は誰も疑っていませんが、過去には、危険性はなく「自然界から賜った夢の鉱物」などと言われていました。アスベストが規制された現在では到底考えられませんが、アスベストは法律（建築基準法）で使う事を求められていました。それは不特定多数の人が利用するところなど防火対策上必要な措置でした。また個人の住宅などでも耐火・防火の必要なところは、アスベストの含まれた建築材料を使用するように指導がなされました。

　指導と言いましたが、現実的にはこの様なアスベスト含有建材を使わない建築確認申請が許可される事はありませんでした。これらの事が広く個人の建物を含む建築物にアスベストが使われている所以です。そして、これらのアスベストを含む建材（アスベスト含有建材）が今後、耐用年数を迎え解体・改修がなされる時に、防護措置・飛散措置を取らずに解体すると、解体作業をしている作業者がアスベストを吸引したり、周辺住民の方々が吸引したりする事が懸念されています。アスベストを吸引してしまうと、アスベストに起因する疾病、例えば、アスベスト肺、中皮腫、肺がんなどに罹患するおそれが非常に高くなります。アスベストが終息した問題でなく、これから広く拡大す

●建築物石綿含有建材調査者講習制度の見直しについて

出所：厚生労働省HPより転載
https://www.mhlw.go.jp/content/11202000/000371022.pdf

る問題であることを訴えてきましたが、その根拠となる原因がこの事に在ります。

今後、アスベスト疾病で死亡する日本人は30万人と言われていますが、それらの殆どが除去作業をしていた人、また違法解体作業の周辺住民の方々となります。特に解体作業に従事する人は、無防備に作業をされると罹患リスクは非常に高くなりますので、特に留意が必要です。本題に戻りますと、アスベスト含有建物の除去にはお金がかかります。その事を嫌った所有者が、アスベストが無かったことにして解体・処分してしまう事例が後を絶たない事に対処するために、前回の大気汚染防止法の改正で、【事前調査】の規制強化、義務化を図った次第です。

この法律改正の目玉の一つが【事前調査】ですが、現実には調査をする人材が問題となります。それ故に国土交通省では前回の大気汚染防止法改正を受けて【建築物石綿含有建材調査者講習制度】を設け、人材の育成と制度の普及に努めてきた次第です。

今回のアスベスト関連法の見直しに伴い、この【建築物石綿含有建材調査者講習制度】が（2018年（平成30年））10月23日に改正されました。今般の制度見直しを要約すると以下のようになります。

◆国土交通省の制度であった「建築物石綿含有建材調査者講習制度」を厚生労働省、国土交通省、環境省、3省の共管制度とする事。

◆共管制度としたことで、今までの資格能力と今後の資格取得者の能力に乖離が出る事、調査能力の低下懸念は払拭されるのか？

この制度見直しについて次の4点で疑問と懸念があります。

①"新"調査者は、2日間の座学のみで修了。実地研修を受けない者が現地踏査において、石綿含有建材を的確に把握できるとは考えられません。実地研修を受けた者に聞くと、座学では習得できない事実がリアルに体験でき「机上の論理」では理解し難い経験で、実務をこなす上では欠か

すことが出来ない研修としています。実地研修を受けない新制度の調査者が調査した場合、調査漏れ等のリスクが大きすぎるのではないかとの懸念は払拭できません。

②旧課程の調査者を"特定調査者"と明記されると、"特定"の調査しかできないと間違った解釈をされるおそれが有ります。例え主管となる厚労省が、通知において明示する等周知に努めると言っても誤解が生じるのは明白です。

③新調査者は、①で述べた通り、調査において一番重要な部分である実地研修を受けていない事が致命的です。受講資格も、2日の座学で取得可能な石綿作業主任者を追加し、（実務経験不問）受講資格のレベルを下げています。旧制度の調査者は、建築に関し一定の知識及び実務経験を持った者、作業環境測定士や石綿作業主任者で、かつ実務経験5年を要するといった条件がありました。しかし新制度では新調査者の技能の担保はできません。新旧調査者の講習課程の差を考慮せず調査対象を同一にすれば、その能力差による調査結果となります。事前調査結果において齟齬が生じないか心配です。建築士と同様に、一級、二級などと区別をし、それに伴って業務範囲を定めるべきです。

④社会資本整備総合交付金の住宅・建築物安全ストック形成事業（住宅・建築物アスベスト改修事業）でのアスベスト含有調査に対する補助金交付対象は、旧制度の調査者が調査した建築物に限定されていましたが、今後は新調査者が調査した建物も交付対象となっています。安全安心の担保を図る施策が逆に混乱の原因になりはしないか懸念しております。

(2) 以降は次号で取り上げます。

2019年1月号より

焦点は建物解体！
アスベスト被害再発と危機回避　大石 一成

[第28回]

アスベスト分析の最大課題は日本の法定分析法

　我が国の分析方法は世界的に見てどの様に評価されているのでしょうか？ 仕事柄、アスベスト問題に関わる学会、シンポジウムなどでこの事を外国の方に聞いてみると、その回答は大きく2つのポイントに集約できます。その1つは、日本の分析技術自体は高いレベルにあると高評価をいただけること。もう1つは分析技術が高いにも関わらず、日本の分析結果は国際的には尊重されない、というものです。これはどういったことなのでしょうか？ 将来に多大な影響を与えますので、掘り下げてみたいと思います。

　第1点目の分析技術自体のレベルについては、様々な統計、分析学会の発表で世界的に認知されているので、今更説明の必要性は無く割愛いたします。問題は第2点目の日本の分析結果が尊重されない事です。アスベストの分析方法（規格）が違えば分析結果に違いが生じる事となり、分析結果も世界各国と違った値になります。そのために比較の対象にならないというものです。日本の分析方法を世界基準に合わせなければ、世界から村八分にされてしまいます。

　ではなぜこのような事態になってしまったのでしょうか？ それは日本の縦割り行政の弊害の結果だと思います。また、当時、日本の分析規格を検討した人たちが世界の規格をあまり考慮せずに決めてしまった事にもあります。日本のアスベスト行政は、環境省、厚生労働省を主体とした規制官庁、国土交通省などアスベストを使用していた業界を指導監督し、実務を運営する官庁などです。規制官庁の環境省と厚生労働省に

あっても分析方法が違います。この違いは次の点に由来します。環境省は国土の大気、水、土壌など国民の生活環境保全のための規制監督を行いますが、厚生労働省は労働者の安全確保の観点から労働環境いわゆる労働者の職場環境（作業環境）の改善並びに安全衛生を保つために規制、監督を行っています。具体的には古くなった建物などを解体、改築する場合を想定してみましょう。建築物の解体作業の現場（室内など）では、作業者のアスベスト曝露防止は厚生労働省の労働安全衛生法などで規制しますが、解体現場から出たアスベストは環境省の所管する大気汚染防止法で規制しています。アスベストの測定についても厚生労働省は石綿則・作業環境測定法で定めていますが、環境省は大気汚染防止法で測定法を定めています。環境省と厚生労働省では測定対象が違うために、測定法に違いが生じた訳です。測定対象が室内と外界という条件の違いによる測定法の違いは、当然あって然るべきと思いますが、関連性・統一性は図るべきです。また、他省庁の測定法引用事例では不適切な引用も散見されます。

法定分析法を守っても、過大・過小評価で訴訟の可能性も

　国際的に日本の分析法が批判されている部分は、JIS A 1481-2分析に関わる部分です。JIS A 1481-2は、X線回折装置と位相差顕微鏡を用いた分析方法ですが、これらの装置を使って分析すると、分析結果が過

大評価も過小評価も起きるために、ISOではこの分析法（規格）は認められていません。日本で規制されているアスベストは『アモサイト、クリソタイル、クロシドライト、アンソフィライト、アクチノライト、トレモライトの6鉱物です。その中でもアスベスティフォーム（アスベスト様形態）のものが、肺がんや中皮腫を引き起こすとされています。鉱物アスベストの状態がすべて人体に害を及ぼす訳ではありません。X線回折装置では、量る対象物の形状に関係なく、すべての対象物の量を量ってしまいます。言い換えるとX線回折装置を使った分析方法での結果は、繊維状アスベストも非繊維状なものもすべて量ってしまうので、人体に害を及ぼすアスベストでないものでもアスベストとして判定してしまいます（過大評価判定）。また、位相差顕微鏡ではマトリクス（夾雑物）が多い場合、アスベスト繊維が隠れてしまい、本来あるはずのアスベスト繊維を見落としてしまいます（過小評価判定）。ここが問題の核心になります。世界的には測定・分析の分野でこの分析結果を認める訳にはいかないのです。なお、アスベストの定義を補足説明すると、アスベスティフォームのものをアスベストと言うと記述しましたが、それには理由があります。空気中に漂っているアスベスト（細く繊維状の6鉱物）を呼吸で肺に吸い込むと、肺細胞に刺さって取れなくなります、そのまま長い間肺細胞に刺激を与えると肺細胞が硬くなって酸素の取り込みができなくなり、肺機能の低下を招きます。アスベスト肺、中皮腫、肺がんなどを発症するに至ります。6鉱物であっても繊維状でないもの（塊など）は肺胞に刺さらず繊毛活動で排出されるので、非繊維状のものはアスベスト鉱物であったとしてもアスベストではありません。

出典：固体（バルク）中のアスベストのISO分析法：ISO 22262で検討されてきたアスベスト分析法 エリック・J・チャットフィールド博士（ケンブリッジ大学修士FCICチャットフィールド・テクニカル・コンサルティング・リミテッド）

分析結果の誤りは
結果を利用する人のリスクに

　この様な事柄をよく理解せずに、ただ漫然とアスベストを分析している分析会社、分析担当者は非常に大きなリスクを負うことになります。知らず知らずのうちに間違った分析結果を出すと、解体会社や建物所有者は、その結果を基に除去・解体・処分することになります。最終的に除去等に関わる損害賠償、健康被害に対する損害賠償などの負の責務を背負うことになります。欧州ではこの訴訟問題が深刻な課題となっています。

　これらすべての訴訟リスクとなる根源の分析問題をこのまま放置して良いのか？係争事案になった時、現在の日本の分析方法では敗訴する可能性が限りなく高いと言えます。このような事を書くと必ず次のような反論が出ます。「分析機関としては、日本の法律に基づいて分析した結果ですから何が悪いのですか？」と。法律に基づいて分析したとしても分析機関・分析者としての注意義務は当然ありますから、分析法の欠陥、担保できない点は理解して対処することが裁判で負けない必須条件となります。これは分析機関・分析者だけの問題ではありません。分析結果を利用する立場の方々も分析機関同様にリスクを負いますので、しっかりと理論武装しておくべきと考えます。分析会社の責任能力、訴訟対応能力、説明責任能力などをあらかじめ調べておき、分析依頼する前に評価しておくことは自社の防衛戦略上、必要不可欠です。この事は自社の命運を左右する重要な事柄です。現場担当者に丸投げせずに会社として対応しなくてはなりません。

2019年3月号より

焦点は建物解体！
アスベスト被害再発と危機回避　大石 一成

［第29回］
何故、日本の分析方法は世界規格に適合できなかったのか（上）

　前号の末尾で今号では、外壁建材に含まれるアスベストの分析課題について記述するとさせていただいてました。しかし、その後、読者の皆さんから「日本の分析方法が世界的に認められていない部分について、更に十分な説明をしてほしい」「日本の分析方法が世界規格に適合できなかった理由を明らかにしてほしい」とのご要請・ご指摘がありましたので、今回と次回の2回に渡ると思いますが、補足説明させていただきます。

　以下の文書はアスベストの世界的権威である、エリック・J・チャットフィールド博士（ISO WG1-アスベスト議長）によるカナダ・オンタリオ州シサガでの講演要旨の抜粋と、それに対する私の理解による解説でまとめています。

アスベスト分析のISO策定の経緯

(1) アスベスト分析のISOを策定する作業について、1998年のゲイザースバーグ会議で決議。

(2) 2006年のウエスト・コンショホッケン会議で、DIS 22262-1のドラフトを改定することを決議。

(3) 2007年のロンドン会議で、DIS 22262-1の新しいドラフトについて討議され、併せて、チャットフィールド作業グループ議長がDIS 22261-2（アスベスト定量分析）の暫定ドラフトを作成し、2008年9月以前に作業グループメンバーに配布することを決議。

【日本の要望/ISO規格にJISを】

　この段階で、日本は神山博士と矢田博士が、トロントでチャットフィールド博士と会談し、日本が希望するJIS A 1481:2008のISO採択を要請すると共に、ISO作業グループメンバーは日本の提案にどのように反応するであろうかを協議しました。この背景には、アスベストの定性分析と定量分析で、多くの国が【日本の提案する分析法であるXRDを却下している】事実がありました。そのために、作業グループの動静を探ったものと考えられます。

【偏光顕微鏡のISO選定】

　ISO 22262 分析方法として採用した【偏光顕微鏡法】は以下の理由で、作業グループでISO規格として選定された。

① 世界各国では1800年代より鉱物を同定する方法として、偏光顕微鏡が使用されてきた。この事は日本も例外ではない、にも関わらず、アスベストだけ違う方法を主張する日本の真意は理解できない。

② 鉱物の同定にあって、偏光顕微鏡は過去から現在まで、今もなお主要なツールとして用いられている。

③ 現在、建築資材に含まれるアスベスト繊維を同定する際、多くの国で偏光顕微鏡が採用されている。この事実は、すでに偏光顕微鏡が世界規格として広く認知されている事を意味している。

④ 偏光顕微鏡のアクセサリーとして、対象物の分散染色を導入することで、アスベスト

2017.1.26石綿問題総合対策研究会（東京工業大学）にて、右からサダナンダン・ビヌーラル博士（日本総研）エリック・チャットフィールド博士、大石亜衣（日本総研）、三井伸悟（日本総研）

繊維の同定が容易となり、必要なアスベスト分析者の研修を最適化、最小化できる。

【その他の重要なISO作業グループの考察】

①走査電子顕微鏡（エネルギー分散型X線分光法）、透過電子顕微鏡（エネルギー分散型X線分光法と電子線解析法）はアスベスト繊維の特定に有用である。

②感度の限界と特異性の欠如で、赤外線分析は却下された。

③X線回折法は却下された。その理由として、アスベストと非アスベスト角閃石を区別できないこと、また、実際の建築資材の分析では容認できない干渉を受ける可能性があることが挙げられる。

※上記③の意味していることに、読者の皆さんは注意してください。何故なら、日本はアスベスト分析法で、この③のX線回折法を採用しているのです。以前から私が主張してきた「日本のアスベスト分析には大きな問題がある」との根拠でもあります。日本の再三の努力にも関わらず、JIS法のISO採択は却下されたわけですが、国内にあって、この事実が広く告知されていない事が残念でなりません。今後のアスベスト行政で、長く尾を引くことを憂慮します。

【国際規格（ISO 22262-1）アスベスト分析法の公表】

2012年にアスベスト分析法の国際規格が公表されたました。

ISOの22262-2ガイダンスに、吹き付け仕上げ塗装の分析に関する記述がありましたので記載します。

分析への推奨として①灰化、2Mの塩酸による処理、浮遊または沈殿による集合体の分離を推奨する。②偏光顕微鏡によるポイントカウンティング、走査型電子顕微鏡法または透過電子顕微鏡法による残渣物中のアスベストの計測を推奨。

【日本提案によるX線回折2009年アスベストの定量分析】

①日本側代表は、JIS A 1481:2008に基づき、X線回折によるアスベストの定量分析法の作業原案（WD22262-3）を策定。

②この作業原案をアトランタで開催された作業グループ会合にて検討し、TC事務局に提出する新たな検討作業項目とすることを決定（検討材料になっただけでISO規格に採択された訳ではない事に留意）。

③X線回折法による分析のために提出されたサンプルの結果を作業グループメンバーに配布。

（以下、次号につづく）

2019年5月号より

焦点は建物解体！
アスベスト被害再発と危機回避　大石 一成

［第30回］

何故、日本の分析方法は世界規格に適合できなかったのか（下）

本号では、続きを記述致します。

【X線回折法及び位相差分散顕微鏡法により報告された結果の概要】

① 21サンプルの内15サンプルは分析結果が満足のいくものと考えられる。これ等はアスベストが含まれている場合、実際のアスベスト濃度は0.1％超であった。

② 21サンプルのうち5サンプルは、実際のアスベスト濃度は0.12％～3.41％であったが、分析結果はアスベスト含有無しと報告された（フォールス・ネガティブ）。

③ 21サンプルのうち9サンプルにX線回折定性分析の結果で、実際には含有していないアスベスト種類を報告している（フォールス・ポジティブ）。

④ 3つのサンプルについてコアリンガ・クリソタイルが含まれていた。コアリンガ・クリソタイルはJIS A 1481で使用されるクリソタイル標準物質と同じ。実際のアスベスト含有量0.60％と3.41％であったが、アスベスト含有量なしと報告された。また位相差分散顕微鏡とX線回折の結果の相違により、実際のアスベスト含有量は4.56％もあったが、アスベスト含有量0.1％超と報告された。

⑤ 以上の事から位相差分散顕微鏡法の結果を一貫して採用し、X線回折定性分析法の結果を否定している。

【日本提案の分析法の原案を却下】

2011年9月25日にウイーンで開催されたWG1会合でJIS A 1481:2008に基づくISO2226-3作業原案は却下。

【WG1の決議】

現段階では、同手法を様々なその他成分物質中の微量アスベスト特定や定量の信頼出来るISO法として開発するには不十分とWG1は考える。

【日本提案が却下された理由】

JIS A 1481:2008に基づく作業原案WD 22262-3が2011年ISOのWG1で却下

X線回折装置が8台並ぶ、浜松にあるユーロフィン日本総研株式会社のラボ

された理由は以下の通り。

JIS A 1481:2008及びWD22262-3に定めた位相差分散顕微鏡法によるアスベスト繊維の特定手順は、WG1にとって科学的に容認できなかった。

① アスベストと非アスベスティフォーム類似物との違いについて論議が成されていない。

② 建材に通常含まれる、その他の鉱物成分の干渉影響の記述が含まれていない。

③ サンプルの初期粉砕により、光学顕微鏡法によるアスベスト繊維の特定を阻んでいる。

④ 全体的にアスベスト繊維の検出と特定の手順が不必要に複雑にされ、かつ信頼性を低くしている。

【日本提案の取り扱いについて】

JIS A 1481-2 (位相差分散顕微鏡法とX線回折法) アスベスト定性分析は2011年に却下されている。

【ISOの現状】

2016年10月にISO22262-3が発効された。ISO22262-1による定性分析に続いて更にアスベストの定量分析が必要な場合、22262-2あるいは22262-3を用いても良い。此処で細心の注意が必要です。この文面を曲解して22262-2あるいは22262-3が国際的に認められたわけではありません、22262-1作業を行った上でという条件が付いています。くどくなりますが日本の様に22262-2あるいは22262-3を単独で使う方法は国際的には認められない事は明らかです。分析結果が国際的に使われる恐れが有る場合、言い換えれば製品が国外でも使われる恐れがある場合、係争の火種に成り得

●X線スクリーニングチャート (提供：ユーロフィン日本総研株式会社)

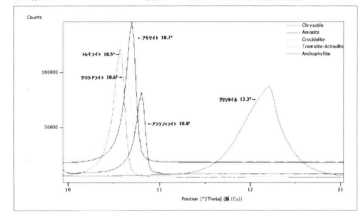

ることを留意下さい。また国内であっても同じ費用を掛けるのであればリスクを伴う分析法を採用している試験所は避けるべきと考えます。

では、日本国内で普及しているX線回折装置の活用法は無いのか？と言うと非常に有用な活用法が有ります。分析方法云々の前にリスク回避の有効的な手段として利用価値が認められます。それは、判定に不明瞭な課題が含まれる場合に確信を得るための手段として、また作業効率を上げるためスクリーニングに使う方法です。

X線回折におけるクリソタイルの回折角度の第一ピークは12.2°。アモサイトおよびクロシドライトのそれらは10.8°および10.6°など特有の回折角度に回折ピークをもちます。JIS-2では、回折角度5°〜70°を測定しますが、第一ピーク付近に絞って測定を行うことで、アスベストの有無を確認できるということです。私どもで使用しているX線回折装置 (パナリティカル社製) では、JIS-2 X線回折測定には約15分かかりますが、スクリーニング用途で測定の場合は、たった2〜3分で当たりをつけることができるため、有用と考えられます。

2019年7月号より

焦点は建物解体！アスベスト被害再発と危機回避　大石 一成

［第31回］

大気汚染防止法等、アスベストに関わる関連法改正の進捗状況

　アスベストに関わる規制の強化は、環境省所管の大気汚染防止法の改正手続きをはじめとして、厚生労働省の石綿則の見直し、国土交通省の建築基準法の改正等が進められております。そこで、今号ではアスベストに関わる関係省庁の動きと規制強化の紆余曲折を報告したいと思います。

環境省『大気汚染防止法』

　前回の大気汚染防止法改正から5年を経過、法律の見直し条項（改正後3年とか5年の経過後に、法律の各条項に問題点は無かったか？ 再度の改正は必要か？ 追加条項の必要性はあるのか？ など再検討する制度です。この制度は、法律が形骸化したり、時代に合わなくなる事を是正して、常にその時代にあった法律にする為の制度です。）の時期に来ているため、また総務省行政評価局の【勧告】を受けての対応となります。

　行政評価局の勧告内容は以下の通りです。

　勧告内容（図表1）

　環境省は勧告を受け2018年2月9日に総務省に対して2019年度までに大気汚染防止法におけるレベル3建材

図表1

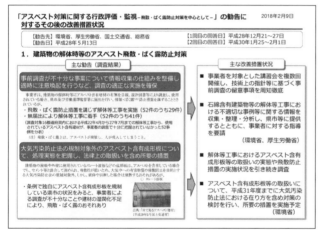

図表2

　1-1 レベル3建材が使用された建築物等の解体等作業の規制

　> レベル3建材が使用された建築物等作業について規制基準を設けるべきではないか。（作業基準、届出、完了確認 等）

・レベル3建材（石綿含有成形板等）の除去作業場近傍において、石綿の飛散が確認された事例があった。また、原形のまま取り外した石綿含有成形板等を破砕・切断を行った際、当該破砕等を行った作業場近傍で石綿の飛散が確認された事例もあった。
・このことから、適切な飛散防止措置が行われない場合には、周辺の大気中に石綿が飛散するおそれがある。

＜対応の方向性＞

【レベル3建材の除去作業を規制対象とすることについて】
○ レベル3建材が使用された建築物等の解体等作業について、建材の種類、除去工法、工事の規模にかかわらず全て大防法の規制対象とすべきではないか。
○ 規制対象とするに当たり、大防法に設けられている規制の枠組み（事前調査の実施、事前調査結果の発注者への説明・掲示、除去等作業の届出、作業基準の遵守 等）のそれぞれについて、レベル3建材についても適用すべきか否か、規制の必要性や、石綿則での規制の内容も勘案し、検討していくべきではないか。

・なお、石綿則においても、レベル3建材が使用された建築物等作業について、建材の種類、除去工法、工事の規模にかかわらず全てを規制対象としている。

（アスベスト含有成形板）の対策の検討を行い、所要の措置を実施すると回答しています。

環境省中央環境審議会石綿飛散防止小委員会（2018年10月18日 第1回〜2019年6月28日 第5回）のうち、2019年4月26日 第4回 今後の石綿飛散防止の在り方に係る論点についてで、レベル3が使用された建築物の解体等作業では、工事の規模や工法、建材の種類に関わらず大気汚染防止法の規制対象とするべきとの意見が出されました。（図表2）

また、解体等工事に伴う石綿の飛散を防止するには、石綿含有建材の使用状況が適切に把握されるべきで、レベル3も例外ではないとしています。それには、レベル3も含めたすべての石綿含有建材の事前調査が必要だと考え、受注者に調査を義務付けるべきとしています。（図表3）

図表3

1-2 レベル3建材の除去に係る規制の枠組み（事前調査）

- 解体等工事に伴う石綿の飛散を防止するためには、工事の対象となる建築物等における石綿含有建材の使用状況が適切に把握されることが大前提であり、レベル3建材についても例外ではない。
- 現行の大防法においては、発注者と受注者の関係について、費用負担者である発注者が石綿の飛散を伴う工事の注文者としての役割を適切に担いつつ、受注者はその請け負った工事を専門的知識に基づき適正に実施する役割を担うこととしている。このことから、特定建築材料に係る事前調査の実施主体については、専門的知識を有する受注者としている。
- この点ではレベル3建材も同様であり、実際には石綿則に基づきすべての石綿含有建材の調査が行われている。
- 石綿の飛散防止措置を講じるに当たっては、工期や費用などの様々な面から発注者の理解・協力を得る必要があるなど、発注者の関与、適切な役割分担は引き続き重要である。

＜対応の方向性＞

【事前調査の実施等について】
○ レベル3建材に係る事前調査の実施については、特定建築材料と同様に、受注者（自主施工者を含む）に義務付けるべきではないか。
○ また、事前調査の結果の発注者への説明、事前調査結果の掲示等については、特定建築材料と同様に、受注者に義務付けるべきではないか。

・ なお、石綿則においても、レベル3建材に係る事前調査の実施は事業者（受注者）の義務となっている。

図表4

論点（1） 事前調査の方法の明確化

➤ 事前調査の方法を法定化する等の明確化が必要ではないか。

- 解体等工事に伴う石綿の飛散を防止するためには、工事の対象となる建築物等における石綿含有建材の使用状況が適切に把握されることが大前提であることから、事前調査の実施は重要な役割を担う。
- 都道府県等が把握した事前調査が適切に行われずに解体等工事が開始された事例では、設計図書の確認不足や発注者の話だけで判断した例など事前調査方法が不適切であったことにより特定建築材料を見落とした例が確認された。

＜対応の方向性＞

- 適切な方法で事前調査を実施することにより見落としを防止し、かつ、事前調査の実施の責任の所在を明確にすることを考慮し、事前調査の義務づけの範囲・内容を明確化した上で、事前調査義務の不履行が確認された場合の行政の指導が強化されるよう、現在の通知やマニュアルに基づき指導を行うだけでなく、事前調査の方法を法定化等すべきではないか。
  事前調査の方法として、①書面調査、現地調査を行うこと、②①の調査では石綿含有の有無が判断できない場合の分析による調査もしくは石綿含有と見なすこと、を規定するべきではないか。
  また、石綿の使用が禁止された平成18年9月1日以降に着工した建築物等についても、着工年月等を確認するべきではないか。

※ なお、労働安全衛生法石綿障害予防規則の事前調査では、すべての石綿含有建材の把握が求められており、上記①、②と同様の方法が規定されている。

過去に設計図書の確認不足や発注者の話だけで判断した事で、特定建築建材の見落としがあり、事前調査の義務を法定化するべきではないかとの意見も出ております。

方法としては、書面調査および現地調査をまず行い、その結果、疑わしき箇所については分析調査を行うか、みなし含有とするかのいずれかを規定しようと検討している模様です。（図表4）

本誌での今回の内容は、上記環境省の公表内容が何処まで改正大気汚染防止に反映されるのか検証するものです。

公表された内容が全て網羅された改正案であればアスベスト行政は一歩前進しますが、どうなるでしょうか？ 行政人材の確保・教育などには予算の裏づけが伴います、法律を先行させる事には慎重な意見もあります。予算を伴う法改正は一筋縄ではまとまりません。この続きは次号で記述したいと思います。

厚生労働省及び国土交通省は次回以降といたします。

2019年9月号より

焦点は建物解体！
アスベスト被害再発と危機回避　大石 一成

[第32回]

アスベストに関わる
関連法改正の進捗状況（続編）

　前号ではアスベストに関わる関係省庁の動向（厚生労働省および国土交通省）についてお伝え出来ませんでした。今号では、この点について報告すべきところと思いますが、ここ数カ月間、環境省の動向が関係者の話題となっています。そこで今号では、急きょ、大気汚染防止法改正の動きに焦点を当てたいと思います。読者の皆様は既にご存じかもしれませんが9月3日の毎日新聞ほかに、環境省所管の大気汚染防止法について、本年中に環境大臣に答申、来年の通常国会に改正案を提出する運びになったと掲載されました。

環境省『大気汚染防止法』について

　石綿が使われた【全ての建物の解体・改修工事について、施工者に事前調査を義務付ける】こととなりました。此処で見落としてならないのは【全て】ですから、吹付や煙突などだけではなく、スレートや石膏ボード、床の長尺シートについても事前調査を行わなければならなくなります、これは非常に重要な事です。

　スレートなどレベル3と言われる建材は、アスベストを製品に練りこんだもののため、形状も安定しており、日常使用では飛散することは考えにくいとされたことから、今まで規制の対象から外されていました。しかし、解体工事現場で未管理・未規制のまま普通に施工すると、どうしても、そのたびにアスベスト粉塵を飛散させる原因となってしまいます。解体工事が年々増加する中でアスベスト飛散事故をこれ以上野放しにしてはいけません。

　第二のアスベスト災害は解体現場で起きる事が確定的です。政府も民間関係機関も、この予見されるアスベスト第二次爆発を抑止するために躍起となってきました、今回のアスベスト関連法改正もその結果としてあります。法改正の成否は今法改正にあって、有効な措置を取ることが出来るかにかかっています。違法工事を行った者に対しては厳罰が下されるように法案の制度設計を求めて参りましたが、関係省庁がいかに利害関係者の干渉と圧力を排除する事が出来るかという事です。その意味ではレベル3を規制の対象に加える事は大いに評価して然るべき

外壁アスベストの除去作業（ウォータージェット）

66

廃石綿等の袋詰め作業

と考えます。

　しかしながら、私の求めてきたものはこれだけではありません、アスベスト第二次災害を未然に防ぐには、様々な施策を有機的に駆使しなければ成果を上げる事は出来ません。

　私の求めてきた諸施策の中で、以下の点はどの様になったのでしょうか？

①最も基幹的な検査、分析精度の担保、調査・分析機関の認証認定制度の創設（最近、よく聴く話ですが1部上場会社までが検査データの改竄など社会的信頼性の欠如が問題視されています）。

②除去工事の認証認定制度の創設（この点は環境省大気汚染防止法というより、国土交通省の建築基準法・建設業法の範ちゅうですが）。

　改正法の下、適正な調査を行い、適正な工事が当たり前のように行われる日が一日も早く来ることを望んで止みません。

厚生労働省『労働安全衛生法』『石綿障害予防規則』について

　おさらいですが、労働安全衛生法は法律であり、国会できめるものです。環境省の大気汚染防止法も同じです。石綿障害予防規則は省令であり、大臣が決めるものです。法律と省令の間には政令があり、内閣が決めるものです。

　労働安全衛生法は、第1条に労働基準法と相まって…略、職場における労働者の安全と健康を確保するとともに、快適な職場環境の形成を促進することを目的とするとうたわれております。

　労働安全衛生法は、1972年6月8日に施行されたものの、石綿障害予防規則まで掘り下げた省令が出たのは、クボタショック後の2005年2月24日でした。石綿の規制には長い年月がかかりました。当時アスベストの危険性は周知されず、労働者の安全と健康は確保されないまま、クボタショックが起きてしまったのです。

　年月は流れ、厚生労働省は、今年3月に「2019年度における建設業の安全衛生対策の推進について（要請）」を国土交通省および農林水産省に通知しました。その中で、石綿障害予防対策のことが書かれております。

1.厚生労働省は、必要に応じ、個別指導等を行い、届け出られている石綿建材以外の部分について、事前調査の適否について確認・指導等を行う。

2.厚生労働省は、解体等工事の契約締結後に事前調査を行う場合において当該調査結果に応じた費用・工期の変更を認めないような適切でない契約の排除を図る。

3.厚生労働省は、石綿障害予防規則等の改正を検討しており…

　石綿障害予防規則等が改正される予定はある。ということが理解できます。事前調査のことも書かれており、環境省の大気汚染防止法と足並みを揃えていることも、通知文から見て取れます。

　今までアスベストについては、省庁変わればニュアンスが異なっているという状態が散見され、現場の混乱を起こす原因となっていました。今後は更に足並みを揃えていってほしいものです。

2019年11月号より

焦点は建物解体！
アスベスト被害再発と危機回避　大石 一成

[第33回]

アスベストに関わる
関連法改正の進捗状況（続々編 その1）

大気濃度義務の義務付け、
大方の賛同得た内容を先送り

　前号では、アスベスト関連法改正の動向が関係者の話題となっており、環境省は大気汚染防止法の改正案について、厚生労働省は労働安全衛生法に基づく石綿障害予防規則の改正が…といったことを述べました。

アスベストの落綿と倒壊のおそれのある空き建物
（北海道内、行政代執行へ）

　今号でも、引き続き大気汚染防止法改正の動きに焦点をあてたいと思います。

　こうした状況で非常に憂慮すべき事態が進行しています、環境省では大気汚染防止法の改正に向けて2018年（平成30年）10月18日から2019年（令和元年）10月21日までの約1年間に環境省中央環境審議会大気・騒音振動部会石綿飛散防止小委員会が7回開催されております。

　【今後の石綿飛散防止の在り方について】を答申案として事務局が作成しておりますが、この内容に大きな問題点が含まれています。その内容を説明しますと第6回委員会時に委員の大方の賛同を得て大気濃度測定を義務付けるとしたにもかかわらず、第7回委員会では環境省側が見送るスタンスを示し、委員からは『前回の意見を踏まえていない、委員会の意見を無視している。到底納得できない』との指摘をうけ、委員会が紛糾致しました。

今後5年間、
作業従事者・周辺住民が
何らの対策も取れない

　問題は第7回委員会の結論をパブリックコメントとして、国民の皆さんからご意見を募り、環境大臣に答申、そして法案となるわけで、此処で工事中の大気濃度測定が義務付けされ

なければ、また次の法改正までの5年間、作業従事者も周辺住民も何らの対策もとれない事態となります。環境省も方針を見誤らないでいただきたいと思うところです。

この原稿を書いている最中、11月14日に第7回委員会で示された答申案が大方の委員の意見を反映せずにパブリックコメントの資料となり、パブコメの募集が開始されました。この記事が掲載される頃には募集期間は終了しており、意見の公開がされていることでしょう。

小委員会の答申案、見送りの3つの理由

【紛糾した第7回委員会の内容】

環境省『大気汚染防止法』中央環境審議会大気・騒音振動部会　石綿飛散防止小委員会（第7回）【今後の石綿飛散防止の在り方について】答申案より紛糾となった項目をまとめました。（委員の発言内容はそのまま記載しております）

Ⅲ　各論
4　特定粉じん排出等作業中の石綿漏えいの有無の確認
(2) 隔離場所周辺における大気濃度測定の実施

現行法では、隔離場所周辺における大気濃度の測定については義務づけておりません。このため、第6回委員会では大気濃度測定を行う方向で大方の委員が賛成をしました。しかし、答申案では、以下の3点の理由から今回は見送る旨が示されております。
①大気濃度の測定対象は走査型電子顕微鏡による石綿繊維数濃度とすることが考えられるが、走査型電子顕微鏡が民間検査機関において十分普及していない。
②迅速性や分析に必要な機器の普及状況を踏まえた測定に要する期間等を考慮する

9月2日に開催された第6回石綿飛散防止小委員会

●石綿の調査・診断に係る主な法律

労働安全衛生法（安衛法）、同施行令、労働安全衛生規則
石綿障害予防規則（石綿則）
大気汚染防止法（大防法）、同施行令、同施行規則 廃棄物の処理及び清掃に関する法律 　　（廃棄物処理法、廃掃法）、同施行令、同施行規則
建築基準法、、同施行令、同施行規則 宅地建物引取業法、同施行規則 住宅の品質確保の促進等に関する法律（品確法） 建設工事に係る資材の再資源化等に関する法律 　　（建設リサイクル法）

出典：(一社) 日本アスベスト調査診断協会

と総繊維数濃度となるが、総繊維数濃度は測定に平均5〜7日を要するため、隔離措置を行う特定粉じん排出等作業件数の2割程度にしか適用できない。
③上記①②のことから全国一律での制度化には困難な課題が残っている。

①については、走査型電子顕微鏡を所持している分析会社が少ないため体制が整っていないからできないのではなく、今後解体及び改修工事が増えることで検体数が増える見込みがあるため、義務化を先にして体制を整えるべきと委員から指摘を受けています。（以下、次号に続く）

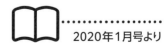

2020年1月号より

焦点は建物解体！
アスベスト被害再発と危機回避　　大石 一成

[第34回]

アスベストに関わる
関連法改正の進捗状況（続々編 その2）

この件に対する私の見解
（前号からの続き）

　【過去の環境行政で同じ場面を経験しています。それはダイオキシン対策のために大気汚染防止法を改正した時です。当時ダイオキシンを分析する装置は非常に高額（1台1億円ほど設備全体で数億円）でごく一部の限られた分析会社しか導入できませんでした。しかし法律の整備（測定義務）と共に、瞬く間に150社ほどが導入してモニタリング体制が整った歴史があります】。

　設備の普及、制度の普及は世界的に規制法の成立に寄って成し遂げられています。

　過去の事例を見れば、義務化されれば否応なく電子顕微鏡の普及率も上がります。言い換えればその様にするしか電子顕微鏡の普及はかないません。

　②についても、総繊維数濃度の結果が判明するのに平均5〜7日もかかるとの説明ですが、急ぎで行えば当日〜翌日にはできるという回答を（一社）日本環境測定分析協会及び（公社）日本作業環境測定協会から受けています。この事を無視しているのには、なにか圧力があったとしか思えません。環境省の見解は、測定機関の業務にあって石綿の調査のみならず他の事業も行っているから難しいと言うものでありました。しかし、分析測定業界では仕事が少なくいつでも受け入れ可能ですが！

測定せずに
粉じん発生の有無は判断できない

　第7回の委員会で、ある委員からは『（石綿粉じんを）出さないことが重要で、測定すること自体が重要という事ではない、そもそもちゃんと行っている業者は（石綿粉じんを）出していない。』との発言がありました。

　私は、この発言を聞き、正直、唖然（あぜん）としました。ちゃんと行っている業者は出してないと言われる根拠は何処から来ているのでしょうか？ 測定せずどの様にして粉じん（石綿粉じん）を出していないと断言するのでしょうか。それを証明するには測定しなければ分からない事は明白ですよね。

　環境分析測定の、そもそも論になりますが、環境問題の高まりとともに環境庁が創設され環境監視のために測定の義務化を法律で定め、排出者及び監督官庁は測定義務に基づく監視測定体制を整え、現在の環境改善の成功を収めたものです。繰り返しますが測定義務を課したのは測定しなければ何も分からないからです、環境改善に向けた対策も、測定なしには何もできません。だからこそ、大気濃度の測定を行い、石綿粉じんが出ていないというエビデンスが必要となるのです。何の根拠もない精神論では国民は納得しません。

最大リスクを受けるのは
現場の作業員

　また、以下の発言もありました。『ただ測

定するのであれば意味がない。したいのであれば行政、発注者にさせればいい。施工者になぜさせるのか。』という意見や、『(大気濃度測定の)義務化をするとなったら全国のどの場所でも迅速に安くできる体制の整備を整えるべき。それができていないのならば時期早尚だ。』

上段の意見『ただ測定するのであれば意味が無い』? この人は測定することの意味が理解できてない様です。測定はアスベストが飛散し周辺大気を汚染しないようにするために確認するのであって、無為に測定するのではありません。また、『測定したいのなら行政、発注者にさせればいい、なぜ施工者にさせるのか』と怒っておられます。この事について言えば、周辺住民の暴露防止が目的ですが、最大リスクを受けるのは、一番近くで作業に従事している施工業者の方々です。今後アスベスト疾患に罹患される方々の多くはこの様な方々および、そのご家族であると言われています。自らの命を守るために、事態の現状を自ら掌握することは大切な事です、今回の大防法改正の目的もそこにあります。

今はアスベスト第二次健康被害を阻止できる最後のタイミング

私は、前記発言者の方に批判的な意見を述べましたが、もう一方の視点で考えてみましょう。

何故あのような発言をされたのでしょうか? おそらく施工業者の関係者だろうと思います。施工業者の方々は、日々、請負金額を極限まで削られ、また理不尽な納期を強いられています、それであのような発言になったと思います。測定結果が出るまでは現場作業は止められますし、ひどい所は測定費用も払ってくれない事も私は知っています。この様な影の部分を行政は担保しなくてはなりません。

また、下段の『大気汚染濃度の測定義務化をするとなったら、全国どの場所でも迅速に安くできる体制の整備を整えるべき。それができないのであれば時期尚早』についてですが、今までの環境行政で、測定体制の整備を待って法律の制度設計をした事はありません、国民生活に必要な規制が必要なら、法律の制定が有りきで、測定体制が後を追う形でした。

測定分析需要の担保がなくて誰が高額な設備投資を行うでしょうか? その様な事を言っていたら規制法などいつまでたっても出来ません、その間にも患者は増え続きます。今はアスベスト第二次爆発を阻止する最後の時です。また、法律の整備方針で測定の義務化が決まれば、数年以内に測定体制は整います。

パブリックコメント実施の背景

2014年6月に施行された大気汚染防止法の一部を改正する法律(2013年法律第58号)附則第5条で、「政府は、この法律の施行後五年を経過した場合において、この法律による改正後の規定の施行の状況について検討を加え、必要があると認めるときは、その結果に基づいて所要の措置を講ずるものとする。」と定められています。

また、総務省により、行政評価・監視に基づき、2016年5月にアスベスト対策について環境省等に勧告が行われ、石綿飛散防止に関する課題が示されたところです。

これらを踏まえ、2018年8月29日に環境大臣から中央環境審議会に、今後の石綿飛散防止の在り方について諮問し、この検討を行うため、大気・騒音振動部会に石綿飛散防止小委員会が設置されました。その後、同小委員会で検討がなされ、「今後の石綿飛散防止の在り方について(答申案)」が取りまとめられました。

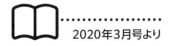

焦点は建物解体！
アスベスト被害再発と危機回避　大石 一成

[第35回]

アスベストに関わる
関連法改正閣議決定を受けて（1）

改正法案のポイントは大きく5点

　大気汚染防止法の改正の流れを受けて解説を進めてまいりましたが、最終的な法案・原案が閣議決定されましたので解説いたします。

　法改正された点、検討されていたものの今回の改正に加えられなかった点について、複数回に分けて焦点をあててまいります。

　環境省では大気汚染防止法の改正に向けて2018年10月から2020年1月までに環境省中央環境審議会大気・騒音振動部会石綿飛散防止小委員会が開催され、【今後の石綿飛散防止の在り方について】を答申案として事務局が作成、【大気汚染防止法の一部を改正する法律案】が2020年3月10日に閣議決定された処です。なお、この法律案は第201回通常国会に提出される予定です。

　法律案の概要として、大きく5つの点が加えられました。（資料1参照）

レベル3建材も
事前調査等の規制対象に

　改正を受けて石綿行政において大きな前進と評価できる点は、①今まで規制対象外であった石綿含有成形板（レベル3建材）も規制対象となったこと。②一定規模以上等と条件が付くものの、石綿含有建材の有無に関わらず調査結果の報告を都道府県等にすべからく行う義務が発生したこと。また、調査方法についても一定の知見を有する者による書面調査、現地調査等を法定化することとなったこと。③隔離等をせずに吹付け石綿等の除去作業を行った場合、命令を行う前に工事が終わることがないよう、下請負人（石綿除去業者等）を作業基準順守義務の対象に追加し、直接罰を設けることとなったこと。④不適切な作業による石綿含有建材の取り残しを防止するため、都道府県等による立入検査の対象を拡大——とした点になります。

国交省データベース、
建材の95％が石綿含有建材

　国交省の石綿含有建材データベースに登録されている建材の約95％がレベル3建材といわれている中、それらが規制対象ではなかったため事前調査（書面調査および分析調査）も特に行われず、"みなし"を行ったうえで解体作業がなされていたケースもありました。この"みなし"も"みなし"であれば石綿含有建材として散水しながら手ばらしで解体し、フレコンバックに入れて適切に処分としなければならないものが、不適切な解体現場では"みなし→石綿無し"と石綿の知識がない者が勝手に判断をし、ミンチ解体を行い近隣に石綿を飛散させていた事例があったのです。そもそも規制および罰則規定がないため、不適切な解体作業を行ってもお咎めがなく、解体工事期間も住宅なら数日程度のものが多いため、違法解体がなされていたとしても気づけば更地

法律案の概要

（1）規制対象の拡大

規制対象について、石綿含有成形板等を含む全ての石綿含有建材に拡大するための規定の整備を行います。

（2）事前調査の信頼性の確保

石綿含有建材の見落としなど不適切な事前調査を防止するため、元請業者に対し、一定規模以上等の建築物等の解体等工事について、石綿含有建材の有無にかかわらず、調査結果の都道府県等への報告を義務付けます。また、調査の方法を法定化する等を行います。

（3）直接罰の創設

石綿含有建材の除去等作業における石綿の飛散防止を徹底するため、隔離等をせずに吹付け石綿等の除去作業を行った者に対する直接罰を創設します。

（4）不適切な作業の防止

元請業者に対し、石綿含有建材の除去等作業の結果の発注者への報告や作業に関する記録の作成・保存を義務付けます。

（5）その他

都道府県等による立入検査対象の拡大、災害時に備えた建築物等の所有者等による石綿含有建材の使用の有無の把握を後押しする国及び地方公共団体の責務の創設等、所要の規定の整備を行います。

出典：2020年3月10日　環境省報道発表資料より

になっていたという状況でした。法改正によって、事前調査の方法（調査を行う者の資格要件も含めて）が法定化することにより、正しい調査を行い、その結果のもと、正しい作業基準で正しい石綿除去及び解体がなされることになることを期待します。

違反者には厳罰を適用してほしい

罰則規定も『第二十五条　（無過失責任）工場又は事業場における事業活動に伴う健康被害物質の大気中への排出により、人の生命又は身体を害したときは、当該排出に係る事業者は、これによつて生じた損害を賠償する責めに任ずる。違反者には六月以下の懲役又は五十万円以下の罰金に処する』という規定があったものの、故意犯でなければ罰則は適用されなかったため、法改正前は罰則を受けたものがゼロという異常事態が起きていました。そもそも石綿を飛散させておいて故意じゃないんですと逃げ切る。罰金があったとしてもたかだか50万では何の抑止力にもなってない。石綿飛散による健康被害および損害賠償を甘く見すぎです。罰則内容は改正法案にはまだ開示されておりませんが、違反者に対しては社会的制裁を含め、厳罰となることを希望します。

逆に、石綿飛散防止小委員会で議論が散々なされたものの、結局今回の改正には含まれなかった点があります。

（以下、次号掲載）

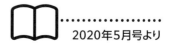

2020年5月号より

焦点は建物解体！
アスベスト被害再発と危機回避　　大石 一成

［第36回］

アスベストに関わる
関連法改正閣議決定を受けて（2）

（前号からの続き）

アスベスト問題に関しましては、石綿飛散防止小委員会で議論が散々なされたものの、結局今回の改正には含まれなかった点があります。以下、その点等について触れていきます。

特定建築材料以外の石綿含有建材の除去も、届出を義務付けるべき

①『特定建築材料以外の石綿含有建材の除去等作業についても、不適切な作業を防止するため、大気汚染防止法第18条の15に規定する届出を義務付け、当該届出情報は開示すべきである』というパブコメが347件（意見の提出総数：494通）もありました。

作業実施の届出は、都道府県等が作業前に作業方法等を確認し、必要な場合には事前に作業方法の変更を命令できるようにするためのものです。

特定建築材料以外の石綿含有建材は、現行の特定建築材料に比べて相対的に飛散性が低いことから、特定建築材料の除去等作業ほどの専門的な機器等を使用する措置までは要せず、通常の解体等工事を行う事業者が対応することが可能な措置を講じ、丁寧に作業を行うことで石綿の飛散を抑えられることが確認されています。

また、条例により特定建築材料以外の石綿含有建材の除去等作業の届出を義務付けている例を踏まえれば、仮に第18条の15

に基づく届出を義務付けた場合は、件数が現行の5〜20倍となることが想定されること、また、多くの一般住宅が届出の対象となると考えられることから、都道府県等や発注者の負担を考慮する必要があると考えています。これらを踏まえ、届出の義務までは求めないこととしています。

行政の事務負担の問題は無視してもいいとは思いませんが、今回の法改正はアスベスト被害から作業員や第三者を守るという観点に立っていますから、私の気持ちとして釈然としないものがあります。

石綿の飛散による発がんリスクの把握には大気濃度測定が必要

②『現状のスモークテスト等での確認では不十分であり、石綿の飛散による発がんリスクの把握のためには大気濃度測定が必要である。国内では大気濃度測定を義務付けている自治体があり、海外でも大気濃度測定を実施している。平均5日〜7日の分析納期は何の条件設定もなく、安価で分析を求められた場合の平均であり、現場で測定を行うこともできる。除去等作業時の大気濃度測定は義務付けるべきであるというパブコメが、①とほぼ同数の349件も寄せられていました

大気濃度測定は予期せぬ箇所からの石綿の飛散の有無を確認し、測定により飛散が認められた場合は一旦除去等作業を中断して、隔離措置等の石綿飛散防止に係る措置

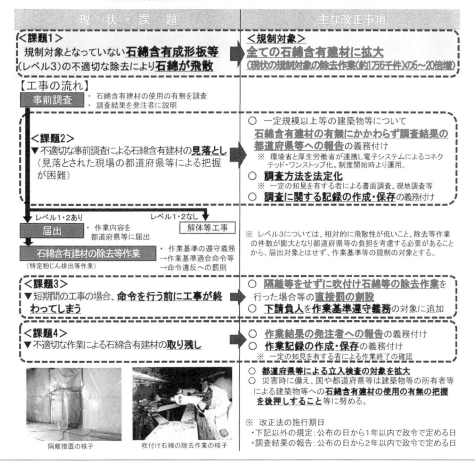

大気汚染防止法の一部を改正する法律案の閣議決定について

「大気汚染防止法の一部を改正する法律案」が 2020 年 3 月 10 日(火)に閣議決定されました。
本法律案は第 201 回通常国会に提出する予定です。　　環境省 水・大気環境局大気環境課

大気汚染防止法の一部を改正する法律案の概要

現　状・課　題	主な改正事項
＜課題1＞ 規制対象となっていない**石綿含有成形板等**（レベル3）の不適切な除去により**石綿が飛散**	**＜規制対象＞** **全ての石綿含有建材に拡大** （現状の規制対象の除去作業（約1万6千件）の5～20倍増）
【工事の流れ】 事前調査 ・石綿含有建材の使用の有無を調査 ・調査結果を発注者に説明	
＜課題2＞ ▼不適切な事前調査による石綿含有建材の**見落とし** （見落とされた現場の都道府県等による把握が困難）	○ 一定規模以上等の建築物等について **石綿含有建材の有無にかかわらず調査結果の都道府県等への報告**の義務付け 　※ 環境省と厚生労働省が連携し電子システムによるコネクテッド・ワンストップ化。制度開始時より運用。 ○ **調査方法を法定化** 　※ 一定の知見を有する者による書面調査、現地調査等 ○ **調査に関する記録の作成・保存**の義務付け
レベル1・2あり　　レベル1・2なし 届出 ・作業内容を都道府県等に届出　　解体等工事 石綿含有建材の除去等作業（特定粉じん排出等作業） ・作業基準の遵守義務 →作業基準適合命令等 →命令違反への罰則	※ レベル3については、相対的に飛散性が低いこと、除去等作業の件数が膨大となり都道府県等の負担を考慮する必要があることから、届出対象とはせず、作業基準等の規制の対象とする。
＜課題3＞ ▼短期間の工事の場合、**命令を行う前に工事が終わってしまう**	○ **隔離等をせずに吹付け石綿等の除去作業を**行った場合等の**直接罰の創設** ○ **下請負人を作業基準遵守義務**の対象に追加
＜課題4＞ ▼不適切な作業による石綿含有建材の**取り残し**	○ **作業結果の発注者への報告**の義務付け ○ **作業記録の作成・保存**の義務付け 　※ 一定の知見を有する者による作業終了の確認

隔離措置の様子　　　吹付け石綿の除去作業の様子

○ 都道府県等による立入検査の対象を拡大
○ 災害時に備え、国や都道府県等は建築物等の所有者等による建築物等への**石綿含有建材の使用の有無の把握を後押しすること**等に努める。

※ 改正法の施行期日
・下記以外の規定：公布の日から1年以内で政令で定める日
・調査結果の報告：公布の日から2年以内で政令で定める日

を点検・改善するために行うものであると考えられるところ、石綿繊維数濃度についても、総繊維数濃度についても、測定の迅速化、評価の指標、指標を超過した場合の作業再開に向けた必要な措置など、現状では全国一律での測定の制度化には困難な課題が残っているため、関係者が協力して測定実績を積み重ねるとともに、課題解決に取り組む必要があるとしたところです。

　今後、課題の解決に向け、石綿繊維数濃度、総繊維数濃度の両面から調査研究を行っていくことが重要と考えられます——というのが行政側の見解です。

　改正法案を検討・策定されている現場は、本当に苦労に苦労を重ねてこられたと思います。ただし、私ども分析会社サイドの立場に立つと、前回の改正時と比べてこの点については何も進んでいないではないかというのが、率直な感想です。不謹慎と言われるかもしれませんが、私の気持ちとして憤慨するところでもあります。

2020年7月号より

焦点は建物解体！
アスベスト被害再発と危機回避　大石 一成

［第37回］
石綿障害予防規則の改正について（1）

　2020年の通常国会で、環境省は大気汚染防止法の一部を改正する法律案を提出し、国会で審議され法案の成立を見ました。これに関連する動きとして7月1日に厚生労働省の労働安全衛生法石綿障害予防規則（石綿則）の一部を改正する省令が定められました。2016年5月13日の総務省行政評価局からの勧告を受け、環境省および総務省が法改正を行うことで改善措置を行っているという点では評価できるところと感じております。

　今号から数回に渡り、厚労省石綿則改正について、環境省同様、建築物の解体・改修等における石綿ばく露防止対策等検討会及びWGでの協議の内容と問題点を検証致します。

　石綿則の一部を改正するために、厚労省は、2020年4月30日から6月5日の期間にパブリックコメントを募集しました。

　概要は、以下のとおりとなります。

（1）石綿障害予防規則関係

ア）　建築物等の解体等の作業を行う場合の石綿等の使用の有無に関する事前調査について、

① 当該作業の対象となる建築物等の全ての材料について行わなければならないこと

② 目視及び設計図書により石綿等の使用の有無を確認する方法以外の調査方法を追加すること

③ 建築物については適切に調査を実施す
るために必要な知識を有する者に行わせなければならないこと等とする。

イ）　分析による調査（以下「分析調査」という。）を行う場合は、適切に調査を実施するために必要な知識及び技能を有する者に行わせなければならないこととする。

ウ）　吹付石綿等について、石綿が使用されているものとみなして法及びこれに基づく命令に規定する措置を講ずるときは、分析調査を行わなくても良いこととする。

エ）　事前調査又は分析調査（以下「事前調査等」という。）を行ったときは、事前調査等の結果の記録を3年間保存し、作業現場に備え付けなければならないこととする。

オ）　一定規模以上の建築物又は工作物（工作物については、石綿等が使用されているおそれが高いものとして厚生労働大臣が定めるものに限る。）の解体等の工事については、石綿等の使用の有無に関わらず、事前調査の結果の概要等を労働基準監督署に報告しなければならないこととする。

カ）吹き付けられた石綿等及び石綿等が使用されている保温材、耐火被覆材等の除去等の作業において、

① ろ過集じん方式の集じん・排気装置の設置場所を変更したときその他当該集じん・排気装置に変更を加えたときは、当該集じん・排気装置の排気口からの

●建設物の解体・改修等における石綿ばく露防止対策等検討会報告書において提言された石綿障害予防規則等の改正ポイント

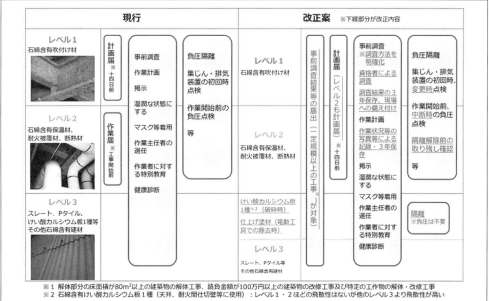

現行				改正案 ※下線部分が改正内容				
レベル1 石綿含有吹付け材	計画届 ※十四日前	事前調査 作業計画 掲示 湿潤な状態にする マスク等着用 作業主任者の選任 作業者に対する特別教育 健康診断	負圧隔離 集じん・排気装置の初回時点検 作業開始前の負圧点検 等	事前調査結果等の届出（一定規模以上の工事※1が対象）	計画届 （レベル2も計画届） ※十四日前	事前調査 ※調査方法を明確化 資格者による調査 調査結果の3年保存、現場への備え付け 作業計画 作業状況等の写真等による記録・3年保存 掲示 湿潤な状態にする マスク等着用 作業主任者の選任 作業者に対する特別教育 健康診断	負圧隔離 集じん・排気装置の初回時、変更時点検 作業開始前、中断時の負圧点検 隔離解除前の取り残し確認 等
レベル2 石綿含有保温材、耐火被覆材、断熱材	作業届 ※工事開始前			レベル1 石綿含有吹付け材				
レベル3 スレート、Pタイル、けい酸カルシウム板1種等その他石綿含有建材				レベル2 石綿含有保温材、耐火被覆材、断熱材				
				けい酸カルシウム板1種※2（破砕時） 仕上げ塗材（電動工具での除去時）			隔離 ※負圧は不要	
				レベル3 スレート、Pタイル等その他石綿含有建材				

※1 解体部分の床面積が80m²以上の建築物の解体工事、請負金額が100万円以上の建築物の改修工事及び特定の工作物の解体・改修工事
※2 石綿含有けい酸カルシウム板1種（天井、耐火間仕切壁等に使用）：レベル1・2ほどの飛散性はないが他のレベル3より飛散性が高い

石綿障害予防規則等の一部を改正する省令案の概要について（2020年6月10日厚生労働省安全衛生部化学物質対策課）

石綿等の粉じんの漏えいの有無を点検しなければならないこと

② その日の作業を中断したときは、前室が負圧に保たれていることを点検しなければならないこととする。

キ）建築物、工作物又は船舶の壁、柱、天井等に用いられた成形された材料で石綿等が使用されているもの（以下「石綿含有成形品」という。）について、

① 除去する作業を行うときは、技術上困難な場合を除き、切断等以外の方法により当該作業を実施しなければならないこと

② ①の技術上困難な場合であって、石綿含有成形品のうち、石綿等の粉じんが発散しやすいものとして厚生労働大臣が定めるものを切断等の方法により除去する場合は、作業場所をビニルシート等で隔離する等の措置を講じなければならないこととする。

ク）壁、柱、天井等の仕上げに用いる塗り材で石綿等が使用されているものを電動工具を使用して除去する場合は、キ②と同様の措置を講じなければならないこととする。

ケ）解体等の作業を行う仕事の発注者は、当該仕事の請負人が行う事前調査等及びシの記録の作成が適切に行われるように配慮しなければならないこととする。

コ）石綿等の湿潤化が義務づけられている作業について、当該湿潤化が著しく困難な場合、除じん性能を有する電動工具の使用等の代替措置を講ずるよう努めなければならないこととする。

サ）石綿等の粉じんを発散する場所において常時作業に従事する労働者に係る作業の記録の記録項目に、事前調査の結果の概要及び作業の実施状況等の概要等を追加することとする。

シ）石綿等が使用されている建築物、工作物又は船舶の解体等の作業の実施状況について、写真等により記録し、3年間保存しなければならないこととする。

以下、次号に続く

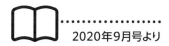

2020年9月号より

77

焦点は建物解体！
アスベスト被害再発と危機回避　大石 一成

［第38回］
石綿障害予防規則の改正について（2）

（2）労働安全衛生規則（1972年（昭和47年）労働省令第32号）関係

○法第88条第3項に基づく計画届の対象に、以下の仕事を追加することとする。

- 耐火建築物又は準耐火建築物に吹き付けられている石綿等の封じ込め又は囲い込みの作業を行う仕事
- 耐火建築物及び準耐火建築物以外の建築物、工作物又は船舶に吹き付けられている石綿等の除去、封じ込め又は囲い込みの作業を行う仕事
- 建築物、工作物又は船舶に張り付けられている石綿等が使用されている保温材、耐火被覆材等の除去、封じ込め又は囲い込みの作業を行う仕事

（3）その他

所要の規定の整備を行う

【私の意見】

以上の内容は、改正前の法律の課題であったところ、喫緊度の高い項目の是正措置として理解できます。然るに以下の点においては理解できません。

前号の当連載で紹介した（1）アの事前調査についてですが、②でいう目視及び設計図書により石綿等の使用の有無を確認する方法以外の調査方法を追加とは、何を明示しているのでしょうか？

私の推測では分析調査のことを示していると思いますが、具体的な表現がありません。また、③の適切に調査を実施するために必要な知識を有する者に行わせなければならないこと等とする、とは、具体的にどのような資格を持った実務経験者に調査をさ

安定型処分場に搬入された石綿含有廃棄物

78

㊧吹付けアスベスト除去後の内装鉄骨
㊨吹付けアスベストの除去現場

せるのか？ ここも具体的な表現がありません。この点について、パブコメ募集の際に、ある程度の具体性を持った試案を示し、国民の意見を求めるべきと考えます。

厚生労働省は2020年5月20日に改めて、

1. 事前調査の結果等の報告対象とする工作物の種類を明示。

2. 事前調査を適切に実施するために必要な知識を有する者について、一戸建て住宅を含む建築物全般については特定建築物石綿含有建材調査者または一般建築物石綿含有建材調査者、一戸建て住宅については新設する一戸建て等石綿含有建材調査者を明示。

3. 分析調査を適切に実施するために必要な知識及び技能を有する者について、以下①から③までに関する所定の学科講習及び分析の実施方法に関する所定の実技講習を受講し、修了考査に合格した者
   ①分析の意義及び関係法令
   ②鉱物及び石綿含有材料等に関する基礎知識
   ③分析方法の原理と分析機器の取扱方法
   ▪上記と同等以上の知識及び技能を有すると認められる者とすること

4. 成形された材料で石綿等が使用されている物のうち、特に石綿等の粉じんが飛散しやすいものとして、石綿等を含有するけい酸カルシウム板第一種を規定する。
といった4つの内容を公示して新たなパブリックコメントの募集をしました。（募集締切は2020年6月18日）

これを受けて、7月1日に石綿障害予防規則等の一部を改正する省令（2020年（令和2年）厚生労働省令第134号）および建築物石綿含有建材調査者講習登録規程の一部を改正する件（2020年（令和2年）厚生労働省・国土交通省・環境省告示第1号）が公示された次第です。パブリックコメントの募集が出された時点で、既に厚労省として改正の内容は決まっていたのではないか？ それであれば、パブリックコメントの意見が必ずしも反映されないのではないか？

2018年（平成30年）7月から2019年（令和元年）6月までに5回にわたって建築物の解体・改修等における石綿ばく露防止対策等検討会が開催され、専門家である委員から多くの意見が出されました、満を持して改正をするのですから、1～2カ月程度の時間をかけて、国民の意見を聴収するべきではなかったかと、残念ながら疑問の残るところです。

石綿則の改正内容そのものについても、今号で述べたかったのですが、次回といたします。

［第39回］

アスベストの関連法改正と
制度理解・運用の現実（1）

　本来ですと、本号の当連載では石綿障害予防規則の改正について (3) をお送りする予定でしたが、除去を巡る新たな問題事案が出てきたこともあり、少し視点を変えて筆を執らせて頂くことにしました。

せっかくの制度改正も
悪質行為の予防効果は薄い？

　環境省「大気汚染防止法の一部を改正する法律」が2020年6月5日に公布され、「大気汚染防止法の一部を改正する法律の施行期日を定める政令」及び「大気汚染防止法施行令の一部を改正する政令」並びに関係する政省令などの告示が同10月7日に公布されました。更に「大気汚染防止法の一部を改正する法律の施行に伴う環境省関係省令の整備に関する省令」が同10月15日に公布されるとともに、10月1日には、厚生労働省の労働安全衛生法石綿障害予防規則 (石綿則) 改正の一部分が施行開始となっております。

　残念ながら、環境省および厚労省の足並みが揃っていないところは相変わらず否めないところであります。それでも、建築物の解体において、レベル3建材も規制対象となることは、アスベスト災害の未然予防と言う観点から評価できるものです。しかしながら、隔離等をせずに吹付石綿等の除去を行った者に対するペナルティーは、直接罰と言及しておきながら、具体的な罰金額や懲役刑等の罰則がどの様になるのか気掛かりです。今のところ、悪質なアスベストの取り扱い・除去を行っている者には、予防効果が薄い気がしてなりません。

検査業務自体は
民間委託が進んでいる

　以前からアスベスト関連法には制度設計上の課題があり、いずれ是正の時期が到来すると考えていましたが、今まさに地方行政では財政不足のため、検査業務などを民間委託する措置が取られてきています。

　建築基準法では建築確認(通称12条点検)などを民間に開放し効率を上げていますし、水道法では水道事業そのものを民間委託しています。検査業務などでは、他にも数多くの事業が民間委託 (移管？) を行っています。根本原因は先にも述べた地方自治体の疲弊にあります。法を執行するための専門知識のある人材の確保、装備の確保がままならない、有態に言うと予算措置が取れないのです。

立入検査の権限はあくまでも職員

　上記に関連する事になりますが、2020年9月3日締切の大気汚染防止法のパブリックコメントには、以下のやり取りがあります。そこでの指摘は『様々な要因で立ち入り調査がうまく機能していない状態を改善するためには、建築物石綿含有建材調査者の力も活用したらどうか』というものでした。

　この点について、パブコメである質問者

● 石綿除去現場の掲示の例

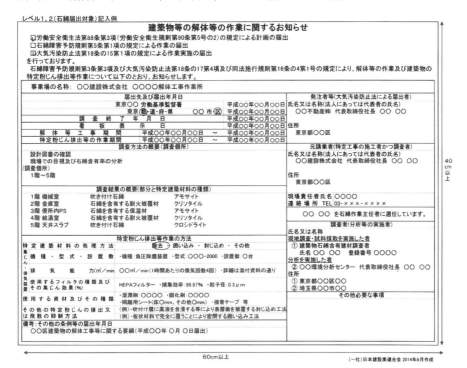

掲示の例

（1）特定建築材料（レベル１、２）使用、レベル３使用なしの場合

レベル1、2（石綿届出対象）記入例

建築物等の解体等の作業に関するお知らせ

☑労働安全衛生法第88条第3項（労働安全衛生規則第90条第5号の2）の規定による計画の届出
☐石綿障害予防規則第5条第1項の規定による作業の届出
☑大気汚染防止法第18条の15第1項の規定による作業実施の届出
を行っております。
　石綿障害予防規則第3条第3項及び大気汚染防止法第18条の17第4項及び同法施行規則第16条の4第1号の規定により、解体等の作業及び建築物の特定粉じん排出等作業について以下のとおり、お知らせします。

事業場の名称： ○○建設株式会社　○○○○解体工事作業所		
届出先及び届出年月日		発注者等（大気汚染防止法による届出者）
東京○○労働基準監督署　　　平成○○年○○月○○日		氏名又は名称（法人にあっては代表者の氏名）
東京愈・道・府・県　　　○○市⊗　平成○○年○○月○○日		○○不動産㈱ 代表取締役社長　○○ ○○
調査終了年月日　　　　　　　平成○○年○○月○○日		住所
看板表示日　　　　　　　　　平成○○年○○月○○日		東京都○○区
解体等工事期間　平成○○年○○月○○日～平成○○年○○月○○日		
特定粉じん排出等の作業期間　平成○○年○○月○○日～平成○○年○○月○○日		
調査方法の概要（調査個所）		元請業者（特定工事の施工者かつ調査者）
設計図書の確認		氏名又は名称（法人にあっては代表者の氏名）
現場での目視及び石綿含有率の分析		○○建設株式会社 代表取締役社長　○○ ○○
（調査個所）		住所
1階～5階		東京都○○区
調査結果の概要（部分と特定建築材料の種類）		現場責任者氏名○○○○
1階 機械室　　吹き付け石綿　　　アモサイト		連絡場所 TEL 03-×××-××××
2階 金庫室　　石綿を含有する耐火被覆材　クリソタイル		○○ ○○ を石綿作業主任者に選任しています。
3階 便所内PS　石綿を含有する保温材　アモサイト		調査者
4階 給湯室　　石綿を含有する耐火被覆材　クリソタイル		氏名又は名称
5階 天井スラブ　吹き付け石綿　　クロシドライト		現地調査・試料採取を実施した者
特定粉じん排出等作業の方法		① 建築物石綿含有建材調査者
特定建築材料の処理方法　　除去・囲い込み・封じ込め・その他		氏名 ○○ ○○　　登録番号 ○○○○
機種・型式・設置数　・機種 負圧除塵装置 ・型式：○○○-2000 ・設置数：○台		分析を実施した者
排気量　　力（㎥／min　○○㎥／min（1時間あたりの換気回数4回）・詳細は添付資料の通り		② ○○環境分析センター 代表取締役社長　○○ ○○
使用するフィルタの種類及びその集じん効果（％）　HEPAフィルター ・捕集効率：99.97％ ・粒子径：0.3μm		住所
使用する資材及びその種類　・湿潤剤：○○○○・固化剤：○○○○ ・隔離用シート（床○mm、その他○mm）・接着テープ 等		① 東京都○○区
その他の特定粉じんの排出又は飛散の抑制方法　（例）・吹付け層に薬液を含浸する等により表層を被覆する封じ込め工法（例）・板状材料で完全に覆うことにより密閉する囲い込み工法		② 埼玉県○○市
備考：その他の条例等の届出年月日		その他必要な事項
○○区建築物の解体工事等に関する要綱（平成○○年 ○月 ○日届出）		

60cm以上　　　　　　　　　　　　　　　　　　　　40cm以上

（一社）日本建設業連合会 2014年6月作成

出典：石綿飛散漏洩防止対策徹底マニュアル［2.10版］　2017年3月　厚生労働省付録Ⅵ.
日本建設業連合会モデル様式に同マニュアル改訂に係る検討会が加筆したもの

解体工事を行う際には、仮囲い等に上記のような看板の掲示が義務づけられております。
出典：災害時における石綿飛散防止に係る取扱いマニュアル（改訂版）2017年9月 環境省 水・大気環境局大気環境課 災害時における石綿飛散防止に係る取扱いマニュアル改訂検討会

から『建築物石綿含有建材調査者が行政に代わり立ち入り確認が出来る等の対応が必要ではないか？』という意見がありました。環境省の回答は『大気汚染防止法第26条において、「環境大臣又は都道府県知事はその職員に検査をさせることができる」と規定されています。そのため、建築物石綿含有建材調査者にその権限を与えることはできません』というものでした。

　上記のやり取りを見て、私見を述べますと、『制度運用の手法が上手くなかったな』と思いました。当然の事ながら環境省の回答は、その様になります。現行法ではその様になってしまいますので違う視点で現行

制度の不備、問題点の指摘、行政上の先例などを引き合いに出して攻略したほうが良かったかもしれません。

　丁度、その制度の欠陥が現在、顕在化しています。相談者の話として、地方都市の出来事ですが、明らかにアスベストがあるであろうと思われる施設の解体で（煙突を含む）、工事に関わる表示もなく、工事業者も分からないとの事でした。

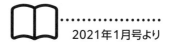
2021年1月号より

焦点は建物解体！
アスベスト被害再発と危機回避　大石 一成

［第40回］

アスベストの関連法改正と
制度理解・運用の現実（2）

明らかにアスベストを含む建物で
対応を無視した案件

前号の当連載の最後にも触れさせていただいたとおり、昨年、ある相談者からの話として、地方都市の事例ですが、明らかにアスベストがあるであろうと思われる施設の解体（煙突を含む）で、その存在を無視した施工が行われていたとのことです。相談者によると、工事に関わる表示もなく、工事業者も分からないとのことでした。

2014年の大防法改正事項なのに、
事前調査結果の掲示も無し

工事に関わる大気汚染防止法第18条の

17第4項では、解体等事前調査の結果について、調査を行った者は、解体等工事の場所において公衆に見やすいように掲示しなければならないと規定されており、同法施行規則第16条の9及び第16条の10には掲示の方法及び事項が定められております。この掲示の義務につきましては、今回の法改正に組み込まれた内容ではなく、2014年、つまり前回の法改正の内容なのですが、当該現場では一切掲示物が無い事が問題となっています。

当該建築物は、築67年とのことで、昭和30年（1955年）よりも少し前、高度経済成長期前頃の新築のため、アスベストを使用した建築か否かは事前調査を行わないと分かりません。

事前調査の結果、アスベストの使用が認められる場合は、掲示が必要です。解体工事自体の掲示も何もないため、どこが施工者なのか、いつからいつまで工事があるのか、そして、事前調査を行っているかもわかりません。煙突もありました。私の住む町ではないのですが、もし、私がこの建築物所在の地域に住んでいた

吹付けアスベストの除去作業

ら、行政に看板の無いこと、事前調査は行っているのか、事前調査の報告書の閲覧をしたいと思いました。一度立ち入り検査をしてもらえないかといった相談をしたことでしょう。

怪しい案件だが、
行政監視も行われず

　実際、私に相談をしてくださった方は行政に相談をされましたが、行政の回答は「公の建物ではないので、立ち入り検査はできかねる」とのことだそうです。私は耳を疑いました。大気汚染防止法第26条はどこへ行ってしまったのでしょうか? 厳しい言い方ですが、当該行政機関の怠慢なのか? それともアスベストに関わる関連法律を知らないのか? いずれにしてもお粗末です。当たり前ですが、立ち入り検査は公の建物でなくてもできます。この行政担当者は、市民が知らないと思ってその場の言い逃れをしたのか? と疑う気持ちさえ出てきます。ひどい対応です。

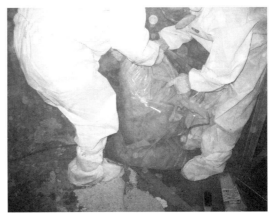

廃石綿等の袋詰め作業

除去作業終了後の鉄骨

規制強化とともに
法制度の適正な運用が不可欠

　この状況を整理すると、
　①そもそも施主が事前調査を行っていない。
　②調査結果が無いため施工業者からのアスベスト除去工事の計画届または特定粉じん排出等作業の届出がない。
　③届出もないので行政は立ち入り検査に行かない (ただ、気になるところは、なぜ行政が立ち入り検査はできかねると言ったかです) ── ということになります。
　周辺住民の中でアスベストのことを少しでも勉強なさっている方でしたら、前述のような疑いを持たれてしまうのではないかと考えます。アスベスト繊維による健康被害

は、人の命に関わる問題です。地元行政の担当者が事情を知らないからと、許されるということは決してありません。
　その後、この相談者の方は、どのようなアクションを起こされたかは分かりませんが、そういった事例が2020年でも現実に起きています。違法行為を行う者だけでなく、それを監視・指導する行政もしっかりとした法制度の理解と実運用を心掛けて頂きたいところです。全国の自治体並びに労基署職員のアスベスト教育を初歩からしっかり行うことも必要でしょう。

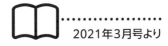

2021年3月号より

83

第3章

残された課題と今後気にかけねばならない事項

焦点は建物解体！
アスベスト被害再発と危機回避　大石 一成

［第41回］

石綿関係法令の施行によって
今後気にかけねばならない事項①

　大気汚染防止法の一部を改正する法律が2021年4月1日から施行となります。私のお付き合いのある建設関係の方々から、どこがどう変わるのかという質問が来ています。施行日はタイムラグがあります。法律は読み込むことが難しいため、押さえておいた方がよい点をお示しできたらと思います。

1　対象範囲の拡大

(1) レベル3と仕上塗材の追加

　これまで特定建築材料の範囲外だったレベル3及び仕上塗材も法規制の対象となりました。つまり、レベル3と仕上塗材も、石綿含有吹付材（レベル1）や石綿含有断熱材（レベル2）と同様の規制枠組みの対象とな

ったということです。

(2) 作業の実施計画届の対象の拡大

　これまでレベル1のみが作業の実施計画届出の対象でしたが、レベル2に対象が拡大し、届出対象特定工事と規定されることになりました。

(3) レベル1の届出対象工事の拡大

　レベル1につきましては、これまでは除去工事のみが計画届の対象でした。しかし、封じ込めや囲い込みも対象となりました。この点は大きく変わったところであります。

2　計画届の提出対象工事の規模

　計画届の提出対象工事の規模ですが、解体工事の床面積が80㎡以上又は請負金額が税込み100万円以上となっています。契約を分割して、床面積や契約金額を小さく見せることはできず、あくまで一つの解体工事として報告を行う事が義務となっております。なお、税込み100万円の中には、後で述べます事前調査の費用は含みません。

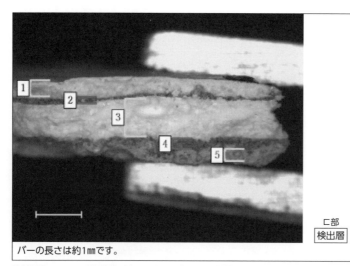

バーの長さは約1mmです。

ロ部
検出層

試料採取によって分析結果が大きく変わる（断面写真）③の層までしか採取をしていなければ、④の検出層はラボではわからない。

出典：ユーロフィン日本総研㈱

3 事前調査について

(1) 目視調査の必要性

改正法では書面調査だけでは認められません。現地の目視調査も必要となります。建築物石綿含有建材調査者やアスベスト診断士といった有資格者による調査を今から行っていきましょう。

(2)「みなし」の意味

目視調査の結果、「みなし」とすることも認められておりますが、「みなし」で済ませることによって、対象建材をすべて石綿含有建材とすることになります。「みなし」は「見無し」ではありません。「石綿含有とみなす」ということです。「無い」と都合よく解釈して違法解体をし、解体途中で周辺住民に通報され工事がストップしたという事例を、私は実際に目の当たりにしました。

(3) 調査の義務付け

事前調査において、石綿の使用の有無が不明な場合は分析調査を行うということも義務化されました。「みなし」でもよいのですが、分析によって白黒はっきりさせて工事に臨むことが求められています。また、将来（と言いましても1年後ですが）事前調査の結果の概要等を労働基準監督署長に報告しなくてはならないようになります。これは、石綿の含有・非含有を問わず、すべからく行うこととなっております。今までは含有の場合のみで良かったのですが、今後はそうはいきません。

(4) 有資格者による事前調査の義務付け

事前調査を行う者につきましても、2023年10月1日からは、先述の建築物石綿含有建材調査者やアスベスト診断士等といった有資格者による事前調査が義務付けられます。今から有資格者に調査をお願いしてもいいのです。

今後の課題

一点気になるのが、事前調査を行う者が誰なのか、ということです。事前調査そのものについては有資格者が求められておりますが、石綿含有が懸念される建材のサンプリングにつきましては、資格要件がないところです。

私の会社は分析業で、月に7000検体近くの石綿分析試料を受け入れてきました。その経験から、採取する人の技量によって（特に仕上塗材の場合）、分析結果が左右されるということが言えます。持込試料が多い私の会社には、「仕上塗材1試料につき3箇所でサンプリングを行い、同一と見なしたので同一検体として分析をしてほしい」という依頼がよく来ます。ただ、実際は外壁の北、南、西側で1箇所ずつサンプリングを行い、1面だけ別の施工であったとか、改修が1回多かった等の問題で、同一試料と見なせない事例が多々あります。その結果、お客様に何度もお問い合わせをしなければならないことが1日に数十件あるようです。

同じと見なしてサンプリングを行うのであれば、仕上塗材では同じ面で3箇所とするべきと考えます。有資格者でもない人が何も考えずにサンプリングを行えば、建材採取方法にもバラつきが生じ、分析結果に影響し、正確な結論を導くことができません。実際、お客様に説明をして別検体扱いとすることができた時に、石綿含有、非含有の結果が分かれるということが多くありました。有資格者の方でも稀に、分析費用をかけないようにするため、混合して一つの試料にすることができないようなサンプリングをなさる方がいらっしゃるようです。サンプリングを行う人にも、資格要件を入れるべきではないでしょうか。

2021年5月号より

焦点は建物解体！
アスベスト被害再発と危機回避　　大石 一成

［第42回］

石綿関係法令の施行によって
今後気にかけねばならない事項②

　環境省の「大気汚染防止法の一部を改正する法律」が2021年年4月1日から施行となり、3カ月が経ったところです。予想通り、混乱している状況が確認されています。皆さんが日々ご苦労なさっていることを痛感しているところです。

　前回、石綿含有成形板等（レベル3）および仕上塗材も特定建築材料範囲となり、石綿含有吹付材（レベル1）や石綿含有断熱材（レベル2）同様に、事前調査および作業基準の遵守義務、特定粉じん排出等作業の結果の報告といった規制枠組みの対象となったことで、事前調査の方法（特に"みなし"扱いについて）を変えていかなくてはならないことを述べました。

仕上塗材は
層別分析と結果報告求められる

　今回は、全ての石綿含有建材を規制の対象としたことで生じている、皆さんの困惑を一緒に考えて行けたらと思っています。

　私の元会社は、建材中の石綿含有分析調査を行う会社であります、月に7000検体強の建材等が全国各地から送られ、分析を行っています。2017年5月末の「石綿含有建築用仕上塗材の除去等作業における大気汚染防止法令上の取扱い等について（厚労省）」「石綿含有仕上塗材の除去等作業における石綿飛散防止対策について（環境省）」が通知され、それまではたまにしか依頼がなかっ

住宅解体で生じた
新建材

た「吹付リシン」や「吹付タイル」が月の分析処理の7〜8割と大幅に増え、さらに、これら仕上塗材の場合、躯体の上からどの層にアスベストが含まれているかという層別分析結果の報告も求められるようになりました。

解体後の屋根材・外壁材（新建材）の一部

職人の任意でモルタルにアスベストを含ませてきた

この時点では、あくまで当該石綿含有仕上塗材が吹付施工か否か、つまり、吹付け以外の工法（ローラー塗り等）であれば特定粉じん排出等作業の実施の届出、作業基準の遵守等が不要とされ、下地調整部位は吹付施工ではないため、「上塗材」か「下地調整材」の、どちらの層にアスベストがあるかが分かればよかったのです。しかし、この度の法改正により、全ての石綿含有建材を規制対象とした結果、さらに下のモルタル層も対象なのか？分析をするべきなのか？皆さんの関心のベクトルの先はモルタルに向けられ始めました。

このモルタル、建築物のあちらこちらにあり、アンカー孔開け後の埋め戻しや、打設されたコンクリートの一部に粗骨材が多く集まってできた空隙の多い構造物の不良部分（いわゆる「じゃんか」部分）に埋め込んだり、CBの接着剤として使ったりといろいろ活躍しています。昔、モルタルの「だれ」を止めるために、つなぎとしてアスベストを現場でいれた職人さんが多くいらっしゃいました。

現状はモルタルの分析等で具体的な指導なし

一つの建物で何か所にモルタルが入っているかは、把握困難です。1棟の建物に1000箇所以上モルタルが入っていることもあります。たとえ規制対象となったからと言って、たまたま研った際にモルタルが出て

きたから分析する。その場合、法律の立て付けから言って、現場ではモルタルが発見されれば、すべて分析せざるを得ないことになりますが、分析費用の削減のため、モルタル1箇所を代表試料として分析した場合、その分析結果がアスベスト検出/含有であれば、建物の丸ごとアスベスト含有となります。逆に不検出/非含有であれば、他の場所でもしもアスベストを使っていたとしても、見落とされることになります。

現場では、モルタルのある特定箇所を代表試料として取り扱っていいものかどうかは判断できません。規制対象としたのであれば、現場が判断すべき問題ではなく、国である厚労省や環境省が指針を示すべきと考えます。

現段階ではモルタルについて、具体的な通知及び指導といったところを厚労省や環境省は示しておりません。

施工業者、元請、発注者、分析および調査業者がどうしていけばいいのかわからず、手探り状態となっているのです。

次回も現場からの声をもとに、課題点を具体的にピックアップしていきたいと考えています。

2021年7月号より

焦点は建物解体！
アスベスト被害再発と危機回避　大石 一成

[第43回]

石綿関係法令の施行によって
今後気にかけねばならない事項③

　前号（7月号）では、アスベスト関連法の成立に伴い現場で起きている現象をお伝えいたしましたが、今号でも引き続き現場の状況を読者の皆様へお伝えいたします。関連法の改正に伴い、法律の内容を理解し、何が自社にとって最善の選択であるかを考え、対策を迅速に講じた会社がありましたのでその事例を紹介いたします。

経過措置期間中の対策の是非

　法律には、新法の制定並びに改正に伴い法律を適用する猶予期間が設けられています。この事は、即座に法律を適用するとそれに伴い混乱することを避けるため経過措置、いわゆる猶予期間を設け混乱を最小限にする意味を持っています。今回の法律改正でも、その経過措置が定められています。つまり、経過措置の期限までは新法が適用されないという意味合いを持っています。建築物の事前調査の件になりますが、新法の適用は2023年10月1日施行となりますので、その前と後では内容が大きく変わります。

　有能なスタッフを抱えた会社では、法律施行の前後により対策経費（人的・経費的・時間的）に大きな差が出ることから、法律施行前に事前調査を終わらせておいたほうが得策と考えるところがあって十分に理解できます。つまり、2023年10月1日施行の前に事前調査を終わらせておくメリットとデメリットを比較し、対策を講じると

いうことです。

　経過措置（猶予期間）内に、事前調査を終わらせておくメリットは以下の内容となります。
①建築物石綿含有建材調査者以外でも調査は可能。
②調査の時間の短縮が可能。
③調査費用のトータルコストが大幅に削減。
　デメリットは以下の内容です。
①調査員の能力により、調査内容に瑕疵が生ずる可能性がある。
②事前調査が、不十分な内容でも調査が終わったこととしてしまう可能性がある。
③経費削減のため、事前調査をしていなくとも調査が終わったこととしてしまうこと──。
などがあります。
　以上の内容を図表にまとめてみました。

現状は事前調査者が不足気味

　上記の内容を、もう少し詳細に記述いたしますと以下の3点の内容になります。
　第1に、経過措置終了後では建築物石綿含有建材調査者による調査が必須となりますが、この調査者の資格をとった人が極端に少ないため、国はこの調査者の人員を大幅に増やそうと躍起となっています。しかし、新法施行後は調査者の人数が極端に少なく、事前調査を自前でできる会社はほとんどありません。また、外部機関に委託するにしても、その依頼を受託できる機関（会社）は

● 経過措置中の事前調査 メリットとデメリット

	メリット	デメリット
①	建築物石綿含有建材調査者以外でも調査は可能	調査員の能力により、調査内容に瑕疵が生ずる可能性がある
②	調査の時間の短縮が可能	事前調査が、不十分な内容でも調査が終わったこととしてしまう可能性がある
③	調査費用のトータルコストが大幅に削減	経費削減のため、事前調査をしていなくとも調査が終わったこととしてしまうこと

全国に数えるしかないのが現状です。この外部機関（会社）の能力にも限界があり、安易に委託するわけにも参りません。

第2に、調査にかかる時間ですが、新法による事前調査には膨大な時間がかかります。時間を短縮するために外部委託をするにしても、書面調査だけでなく目視調査が必須なため今までとは数十倍、数百倍の時間がかかってしまいます。

第3に、調査に必要な費用は、前記1・2の通り今までより膨大な人員と時間が必要になりますので、新法施行後には多額の費用が必要となります。

新改正法の公布後、上記の内容に気付いたところは、経過措置期限（2023年10月1日）前までに事前調査を実施したものです。この判断は、法律の内容を吟味し経営判断として実施に踏み切ったものといえます。しかしながら、現時点で大量の現地調査並びに分析評価ができる会社は先にも述べたようにほんの少数です。ここが、新法施行の大きな課題といえます。

具体的な事例を述べますと、本年3月以降、ある大手個別住宅物販会社では、全ての手持ち住宅の事前調査を実施いたしました。物販会社より受託した分析会社では、膨大な検体数を処理するために大混乱を来し、下請会社の協力を得てようやく委託会社の要請に応えることができました。

アスベスト除去後の室内現場

この事例の特徴は、これまでとは検体の受け入れ方が大きく異なることです。1点目は受入事務の煩雑化です。これまで1カ所から相当量の検体数を受け入れてきたため、1回の事務作業で済んでいました。しかしながら、今回のケースは1カ所当たりの検体数は少ないが同様の検体が全国から集まってきたため、数百・数千カ所から送られてきた検体の受け入れ事務に忙殺されてしまいました。2点目は検体数の増加です。検体の総数が一気に増加したため、その検査処理にも時間が掛かってしまいました。

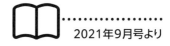

2021年9月号より

焦点は建物解体！
アスベスト被害再発と危機回避　大石 一成

［第44回］
法令改正が抱えた課題と新たな課題

積み残した課題の検討始まる

　前回では、アスベスト関連法（大気汚染防止法）の改正に伴い、現場において様々な課題が顕在化してきたことをお話しました。また、主な業界の動きも、前回号において述べさせていただきました。その結果、読者の皆様から、抽象的であり、もう少し具体的な内容を説明してほしいという意見が多数寄せられました。そこで今号では、読者の皆様方の御要望に答えるべきと考え、詳細を述べさせていただきます。また、現在、前回の法改正において担保できなかった課題についての検討が始まりましたので、その一部を御紹介させていただきたいと思います。

アスベスト分析の急激な需要増

　まずは、前回の課題を補足します。アスベスト関連法の改正に伴い、アスベストの事前調査及びアスベストの分析の業務が著しく増大してきたことは、前回もお話しした通りですが、この増大の要因は改正法の履行期限（経過措置）が迫るまでに現行法のもとで調査を終えた方が有利と判断した建築物所有者が調査分析を急いだためです。この傾向は今年の4月頃から始まり、現在も継続中です。

　そして、その増加割合は事前調査並びにアスベスト分析の分野において、以前の需要量の140%〜150%の増加となっています。この傾向は複数の分析機関・調査会社だけに留まらず、日本全国のアスベスト分析会社並びにアスベスト事前調査会社に波及している現象です。この需要増大は、今後とも継続し法律の経過措置期限（2023年10月1日）が迫るにつれて加速度的になると思われます。

分析会社の処理能力の限界

　以上のような状況を考慮しますと、今後の

アスベスト含有建材の現地調査（ユーロフィン日本総研㈱HPより）

課題が浮き彫りとなってきます。

　その一点は、今年の5月以降起きたアスベスト分析会社の処理能力の問題です。今回起きた処理能力逼迫の打開策として取られた方策は、分析結果速報日数の延長により急場を凌いだものであり、その間に分析体制の再構築並びに分析機器の追加整備により応急対応をしたものであります。アスベスト分析最大手の会社では、この対応により一日当たりの分析処理検体数を300検体/日から500検体/日まで引き上げることでこの危機を乗り越えましたが、多くの分析機関ではこのような劇的な対応は難しい現状でした。

　そこで、今後の課題として浮上するのは、この検体数の処理能力の増加をいかにして図っていくかです。経験不足の分析会社が安易に処理能力を高めようとすると、分析の信頼性・精度に課題が生じます。この点は訴訟の係争の対象にもなりますし、分析会社のリスクとして認識しておかなければならないものです。

　また、需要が増大するといって無計画に設備投資すれば会社の運営基盤にヒビが入ることも考慮しなければいけません。私が憂慮する点は、需要が増大することに対応すべく業界各社が分析処理能力を安易に高めることにより生じる問題です。それは、経験不足の技術者による分析精度の低下と利益重視による信頼性の喪失です。アスベスト分析は今までの環境分析と異なり、分析値の取り扱いにより裁判になる恐れが大きいにもかかわらず、調査分析会社はその点を軽視する傾向にあります。

今後、分析会社に求められる4項目

　今後調査分析会社に求められることは、①訴訟に耐えうるだけの理論武装、②分析結果の正当性、③全国的な需要に対応できるだけのサンプリング・分析体制の確立、④分析結果の即日対応などです。以上のことは小さな分析会社にとっては、越えなくて

はならない非常に高い障壁となります。

　事前調査についてさらに詳しく述べますと、2023年10月1日以降は事前調査ができる調査員の資格が必須となります。また、調査内容もより詳細に記述しなければいけません。調査結果に求められるレベルは、法律に基づく詳細な判断理由も記述することが求められますので、それらを総合的に判断できるだけの能力が調査員には必須となってきます。よってそれらのことを充足できるだけの調査員を確保することは至難の技となってきます。ここで調査会社の今後の課題として総合的な能力を備えた調査員の確保と新規教育訓練ができることが焦点となります。

信頼の担保で分析機関の登録を

　次に前回の法改正において担保できなかった課題です。その一つとしてあげられるのは、分析結果の信頼性の確保です。以前、本誌でも述べました通り、アスベストの分析は、現在の日本の法律では登録・免許制度などはなく誰がやってもよいことになっています。このことは分析精度の担保が全くなされてないということであり、世界的に見て日本の分析結果に疑念を抱かされるものとなっております。

　またこのことを、日本国民の多くに知らされていないことも現状としてあります。アスベスト行政を推進するためにも、国民の信頼を確保するためにも、この点は早急に改善しなければならない課題です。そこで、環境省では分析機関の精度を確保する措置として、分析機関の登録制度も選択肢の一つとして検討しております。次号はこの点について私の見解を述べさせていただきます。

2021年11月号より

93

焦点は建物解体！
アスベスト被害再発と危機回避　大石 一成

［第45回］
アスベスト法改正で取り残された課題

　前号までは、先般のアスベスト関連法、特に大気汚染防止法の施行に伴い、顕在化した課題について一部とり上げて参りました。今号ではアスベスト関連法の改正で取り残された大きな課題を整理し次回の法改正の課題と致したく思っております。

1. 日本の現状
法的根拠ではなく任意の合意としての分析

　過去にあって、他誌並びに新聞記事への寄稿でもとり上げて参りましたが、日本のアスベスト分析に関わる重大な課題は、アスベストの分析が法的根拠に由来するものではなく、任意の合意に基づくものであるということです。つまり、誤解をおそれずに言うと知識や技能レベルの低い人やその組織が行った分析結果でも、正式な分析結果として認められてしまいます。アスベストに関わる行政の基軸となる、分析の精度担保が保証されていない現状では、国民から施策そのものが信頼されなくなる可能性もあると考えます。

2. 世界のルール
WTO規約で認定試験所制度を活用

　世界のアスベスト分析にあっては、認定試験所制度（ISO17025）を活用しています。これは、WTOの規約に基づいて定められているものです。WTOとは世界貿易機関のことであり、国家間のグローバルな貿易の規則を取り上げる唯一の国際機関であります。自由貿易を推進するための約束事として、ISO17025認定試験所の試験結果は、各国政府共受け入れなくてはならないこととなっています。つまり、認定試験所（ISO17025）の試験結果を採用することが、WTO加盟国の標準となっているのです。

3. 日本と欧米との、認定試験所のあり方の違い
国内は第三者機関による試験証明が未発達

　欧米各国は、認定試験所を通して、その国並びに地域の産業の発達と共に試験結果を活用してきた経緯があります。言うなれば、自社製品あるいは自国製品を市場に受け入れてもらうために、第三者である試験所の成績を、商品流通の保証として活用してきた歴史があります。誰もが受け入れることができる、第三者機関としての試験所の存立と、正確で公正な試験結果が必要だったのです。これが、ISOの成り立ちとなります。

　一方、我が国では民間の第三者機関による試験証明が発達してきませんでした。これは、儒教、特に江戸時代の朱子学の普及がもたらした、お上（政府）の権威に盲目的に従う風潮によるものです。これこそが、欧米と違い日本では民間の証明機関が普及しなかった所以（ゆえん）です。

4. ISOの受け入れ
世界標準はJISではなくISO

　ISOの受け入れの当初、日本では欧州発のISOには懐疑的で、あまり積極的に受け入れる気運はありませんでした。当時を振り返ると、経済産業省の官僚も、日本には世界に冠たるJISがあり、敢えてレベルダウ

ンしたISOなど相手にしてい
なかった気風がありました。
現実の世界では、日本の高度
な規格・基準つまりJISが世
界中で利用され普及すること
はなく、誰もが利用可能なレ
ベルダウンしたISOが世界標
準となりました。

5. 今の日本に必要なこと

　現在、日本国内にもISO認
定試験所はあります。しかし、
国内法が整備されていないた

屋内の吹付けアスベスト

め、存在する認定試験所を有効に活用でき
ていません。つまり、日本の現状では、分
析結果を捏造することも、分析をせず試験
成績書を発行することも可能であり、その
行為に対する罰則もないのです。近年のア
スベスト訴訟で、国は連戦連敗の状態です
が、アスベスト行政の根幹であるアスベス
ト分析がこのような状態で良いはずがあり
ません。早急に分析に関わる法律の制度設
計を進め、世界標準の認定試験所制度を法
律が引用するべきです。

6. 次回の法律の改正点として
アスベスト法令にISO認定試験所制度を

　世界標準である国内法にISO認定試験所
制度を引用する方法は、新たな分析機関登
録制度を整備するための時間も労力も必要
としない、費用対効果の高い手段といえま
す。分析機関の登録に関して、法律（大気
汚染防止法等）に、「ISO17025認定試験所
を登録することができる」という一文を付加
するだけで良いのです。この引用に関して
は、現在さまざまな法律の中で、ISO条項
が引用されている実例がありますので、法
律に明記することについて、抵抗はないと
考えます。
　以上のように、アスベスト関連法の改正
において、世界標準たるISOの引用と国内

法の精度担保は、両立することが容易です。

追記
残念ながら無秩序な分析業務が可能な現状

　読者の皆様方の、理解を深めて頂く為に
次のことを追記させて頂きます。
　日本のアスベスト分析に関する現状は、
法体系においてアスベスト分析に関する規
制等がありません。端的にいうと、分析関
係における登録制度は計量法で定められて
います。また、ダイオキシン類の分析に関
する登録は、特定計量証明事業登録として
規定されています。このように、分析事業
を営もうとするものは法律の定めにより、制
度担保等の保証が求められています。然る
に、アスベスト分析はなんの法的制限もな
く、残念ながら無秩序に証明書を発行でき
る側面があります。
　これは、法治国家にあって、法の網目を
くぐるどころか大きな抜け穴とも言うべき危
険な事態と言えます。このことを読者の皆
様が念頭に置いて、当連載をお読み頂けれ
ば幸いです。

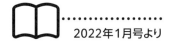

2022年1月号より

焦点は建物解体！
アスベスト被害再発と危機回避　大石 一成

[第46回（最終回）]

多数の調査者確保で
質を下げないために

　読者の皆様、明けましておめでとうございます。3月号の原稿を執筆していますが、今は正月明けの1月9日です。皆様がこの誌面を読まれる時は3月ですので、時間のズレが生じているのをご理解願います。

短期間での有資格者数増への懸念

　前号までは、法律上の不備などの課題を取り上げて参りました。その一つは、政策の遂行上最も基本となるべきアスベスト分析の課題についてです。もう一点忘れてならない課題があります。それは、アスベストの事前調査です。

　前回の法律改正において、事前調査が杜撰（ずさん）だったために生じる問題を解決

しようと、事前調査の義務化とその内容を法律上で明文化しました。その結果として、事前調査をする建築物石綿含有建材調査者の数が、抜本的に不足している現状があります。国は、この不足している状況を改善するために建築物石綿含有建材調査者の数を増やすよう努力をしておりますが、法律の施行日である、2023年10月1日までに30万人の建築物石綿含有建材調査者を確保することは、有資格者の粗製濫造になりはしないか心配しております。

事前調査者は継続的な再教育が必要

　事前調査で重要なことは、現場の実情を熟知し、アスベストの実態の知見を有する

処分場に搬入された
レベル3
（石綿含有廃棄物）

除去現場で梱包されたレベル1（廃石綿等）

者が調査をするということです。なお、それらの知見は随時広く補てんされる必要性がありますので、一度資格をとったからといって終わるのでなく、継続的に資格者の再教育が必要と考えます。もっと言えば、建築物石綿含有建材調査者個人の問題だけでなく、事前調査を請け負った会社（組織）の問題でもあります。そこで、一つの解決策を提案したいと思います。

今後、全国的に大規模な調査・分析の発注が出る事を考えれば、日本全国をくまなくカバーできる組織が必須となってくることは明白です。また、調査内容の技術レベルや報告書の統一などばらつきをなくす努力も必要でしょう。公平性・中立性を担保しつつ、上記の課題を解決できる組織を作ることが、アスベスト行政を推進する上で必要欠くべからざることと考えます。

全国規模の
アスベスト分析組織作りへ

私は、兼ねてよりアスベスト問題を自身のライフワークと考えており、これが自分の人生の最大の使命と思っております。残りの人生を考える時、先ほど述べました全国的なアスベスト調査・分析組織あるいは会社の骨格を作ることが私の使命と考えております。そこで、広く皆様方の協力をお願いしたく、全国を行脚しご意見を賜りたく思っておりますので、その節は宜しく御願い申し上げます。

ご関心がある方は、電話・メールなどでお問い合わせ頂ければ幸いです。この組織の成立と運営の成功は一人では到底なし得ません。より多くの個人・会社・その他の組織などの協力を得て初めて成功する事業です。なお、新たな組織はアスベスト分析の分野においても日本一の組織となるよう考えております。また、日本のみならずアジア・インド・オーストラリアなどにも範囲を広める準備をしております。新規事業をお考えの方もご連絡下さい。お問い合わせ先は、下記のとおりとなります。

日本総研株式会社
大石 一成
090-5873-0147
naokioishi.nihonsoken@gmail.com

8年間続けた連載を一旦終了

なお、本誌を持って私の連載は終了いたします。思い起こせば約8年前に執筆をお受けいたしました時は、1年ほどの連載と考えておりました。それが約8年の長きにもわたって連載することになるとは思いませんでした。読者の皆様方のご支援を頂きましたことを厚く御礼申し上げます。アスベスト業界は、未だ混沌とした中にありますので心残りではありますが、ここ1年間は目が見えなくなってしまったために口述筆記をして参りました。その限界を感じ年度末の3月を持って幕を下ろすことにいたしました。アスベスト問題の連載は本号を持って終わりますが、重大な局面などにおいては、連載ではなく単独の記事としての寄稿を考えております。

今後も適正なアスベスト対策の仕組み作りに向けて尽力して参ります。よろしくお願いいたします。

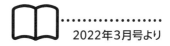
2022年3月号より

大石 一成（おおいし かずよし）

日本総研株式会社 会長
日本認定試験所協議会 副会長
適正で透明性の高い測定・分析業務の確立をうったえ続けている。

焦点は建物解体!
アスベスト被害再発と危機回避
〜誤りのない問題理解と対応のために〜

2023年11月30日　初版　第1刷発行

定　価	本体価格2000円＋税
著　者	大石一成
発　行	株式会社クリエイト日報 出版部
	東京　〒101-0061　東京都千代田区神田三崎町3-1-5
	TEL：03-3262-3465
	大阪　〒541-0054　大阪府大阪市中央区南本町1-5-11
	TEL：06-6262-2401（代）
編　集	日報ビジネス株式会社
	https://www.nippo.co.jp
印刷所	岡本印刷株式会社